# Rainer Nahrendorf

# Naturmäzene

# Rainer Nahrendorf

# Naturmäzene
## Stifter, Spender, Sponsoren für den Schutz der Natur

Bibliografische Information der Deutschen Nationalbibliothek:
Die Deutsche Nationalbibliothek verzeichnet diese Publikation in der Deutschen
Nationalbibliografie; detaillierte bibliografische Daten sind im Internet über
http://dnb.de abrufbar

Dieses Buch ist multimedial. Es führt mit Weblinks und QR-Codes weiter
zu Hintergrundinformationen und Videos. Diese sollten Sie nur nutzen,
wenn Sie auf ihrem Smartphone, Laptop oder PC eine Sicherheitssoftware
installiert haben, die Sie zuverlässig vor Bedrohungen aus dem Netz schützt.
Berücksichtigen Sie bitte auch, dass sich Weblinks immer ändern können.
Nutzen Sie die Suchfunktionen.

Tipp: Wenn das Scannen eines QR-Codes Schwierigkeiten bereitet, decken Sie
bitte die direkt darüber und darunter liegenden QR-Codes mit jeweils einem
Blatt Papier ab.

© 2023 Rainer Nahrendorf
ISBN Softcover: 978-3-384-01567-9
Druck und Distribution im Auftrag des Autors: tredition GmbH,
An der Strusbek 10, 22926 Ahrensburg

Gestaltung: Dr. Bernd Floßmann www.ihrtraumvombuch.de

Fotos wenn nicht anders ausgezeichnet: Christiane und Rainer Nahrendorf
Cover: Waldrappteam Conservation & Research
Rückcover: Porträt eines Altvogels Waldrappteam Conservation & Research

*Mein Dank an die Naturmäzene*

*Dieses Buch will anstiften zum Schutz der Natur. Es ist eine Hommage an die Naturmäzene und ihr beispielhaftes Engagement im Kampf gegen das Artensterben.*

*Mein herzlicher Dank gilt allen Stiftungen, Stiftern, Spendern, Sponsoren und Vereinen, die mir ermöglicht haben, dieses Buch zu schreiben.*

# Inhalt

# Der abenteuerliche Vogelzug der Waldrappe

Kein Nachzucht- und Wiederansiedlungsprojekt in Europa ist so spektakulär und so gut für die Medien inszeniert wie das für den „Greisen Eremiten" (*Geronticus eremita*). So heißt der rund 1,2 kg schwere Ibisvogel mit dem an einen Greis erinnernden Glatzkopf. Der nackte Kopf mit dem Federschopf macht den Waldrapp unverwechselbar. Der lange Schnabel eignet sich gut, um Würmer und Larven aus dem Boden zu stochern.

*Abb. 1:    Der Waldrapp liebt die Gesellschaft seiner Artgenossen. (Foto: Waldrapp Falk)*

Aber ein Eremit ist der skurrile Vogel nicht. Er ist ein geselliger Koloniebrüter mit einer starken Bindung zu seinen Artgenossen. Er hat eine uralte Geschichte. Die ältesten bekannten Waldrapp Abbildungen stammen aus Ägypten und sind rund 5000 Jahre alt. Er ist auf zahlreichen Hieroglyphentexten in Pyramiden, auf Opferkammern, Sargschreinen sowie auf Schmuckstücken zu sehen.

Im Rahmen des altägyptischen Tierkultes (3500/3000 v. Chr. bis 400 n. Chr.) kam ihm ein mythisch-ritueller Rang zu. Auch in Mitteleuropa war er bis in das 17. Jahrhundert weit verbreitet. Aber dann sorgten Störungen seiner Brutkolonien, die Plünderungen seiner Nester und Jäger, die dem als Delikatesse begehrten Vogel nachstellten, für sein Aussterben in Europa. Was Menschen vor Jahrhunderten anrichteten, versuchen sie heute wiedergutzumachen.

Abb. 2:   Waldrappe werden in 130 europäischen Zoos, Tier- und Vogelparks, darunter in 38 deutschen Zoos gehalten. Einer dieser Zoos ist der Eifel-Zoo in Lünebach. Die Zoo-Reservepopulation wird auf mindestens 1000 Tiere geschätzt. An den Nachzucht- und Erhaltungsprogrammen sowie der sich anschließenden Auswilderung nehmen nur wenige Zoos teil.

Waldrappe werden im Rahmen eines europäischen Erhaltungszuchtprogramms (EEP) in zahlreichen europäischen Zoos gezüchtet.

Die Nachzucht dieser Zookolonien ermöglicht Forschungs- und Artenschutzprojekte. Vor mehr als 20 Jahren wurde das Unternehmen „Waldrappteam Conservation and Research" gegründet, das die Wiederansiedlung und Erhaltung dieser Zugvogelart zum Ziel hat. Die LIFE-Projekte (L'Instrument Financier pour l' Environnement) zur Wiederansiedlung des Waldrapps sind zu einem Vorbild für

*Abb. 3:    Waldrappe im Eifel-Zoo Lünebach.*

die Programme zur Nachzucht und Erhaltung von Arten geworden. Der Name erklärt sich durch die Geschichte des Unternehmens. Im Jahr 2001 begann ein Team von Forschern unter Leitung von Dr. Johannes Fritz, mit Waldrappen zu fliegen – daher der Name Waldrappteam. Inspiriert durch die Geschichte von Bill Lishman und dem daraus entstandenen Hollywood-Kinofilm „Fly away home" erprobte das Team, ob von Menschen aufgezogene junge Waldrappe lernen können, ihren Zieheltern in Ultraleicht-Fluggeräten zu folgen, um sie so später in ihr Überwinterungsgebiet führen zu können. Aber die Waldrappe sind in die Turbulenzen des Klimawandels geraten. Vermutet wird, dass bei der Migration aus den Brutkolonien im Spätherbst die thermischen Aufwinde fehlten und die Alpen dann für die Waldrappe zu einer Barriere wurden, die sie aus eigener Kraft nicht überwinden konnten. Im Jahr 2022 sind viele bei einem Sturm in Norditalien gestorben.

*Abb. 4:    Junge Waldrappe im Wiener Zoo Schönbrunn. (Foto: TGS Zupanc)*

Von 2014 bis 2019 wurde das erste Projekt zur Wiederansiedlung des Waldrapps in den Alpen durch den LIFE Fonds gefördert. Bis 2019 wurde in den Alpen eine migrierende Population von Waldrappen etabliert: 142 Tiere lebten Ende 2019 in drei Brutkolonien nördlich der Alpen mit einem gemeinsamen Überwinterungsgebiet in der Toskana. Damit war aber das Projektziel, der Aufbau einer sich selbst erhaltenden Population, noch nicht erreicht. Deshalb wurde ein Nachfolgeprojekt beschlossen mit einem Förderzeitraum bis 2028, das „LIFE-Northern Bald Ibis" heißt.

Das Unternehmen „Waldrappteam Conservation and Research" unter der Leitung von Dr. Johannes Fritz erhielt den Auftrag, das Projekt zu managen und insgesamt fünf von Menschen geführte Migrationen zur Auswilderung weiterer Jungvögel durchzuführen. Für den Förderzeitraum von 2022 bis 2028 kommen 60 Prozent des insgesamt 6,48 Mill. Euro betragenden Budgets aus dem EU-Haushalt, die restlichen 40 Prozent werden durch Partner und Kofinanzierer aufgebracht. Die Liste der „Naturmäzene", der Kofinanzierer und Partner, ist so lang wie bei kaum einem anderen Artenschutzprojekt.

Das Projekt wird von zehn Partnern aus vier Ländern unter der Leitung des Tiergartens Schönbrunn umgesetzt. Träger des zweiten LIFE Projektes ist der Tiergarten Schönbrunn. Der Projektträger im ersten Turnus war der Förderverein „Waldrappteam".

Erstmals brüteten Vögel 2022 aus der Wildkolonie im österreichischen Rosegg. Bis dahin lebte im Tierpark Rosseg seit mehr als 20 Jahren eine Kolonie von Waldrappen. Sie brüteten auch. Damit umfasst die Population bereits vier aktive Brutkolonien:

- Burghausen (Bayern, Deutschland),
- Kuchl (Salzburg, Österreich),
- Überlingen (Baden-Württemberg, Deutschland),
- Rosegg (Kärnten, Österreich).

Die Stadt Burghausen engagiert sich seit dem Jahr 2004 für den Waldrapp. Auf der Burgmauer am Pulverturm brüten die freilebenden Waldrappe in Brutnischen. Von April bis August halten sich die Tiere in Burghausen auf, wo sie ihre Brut aufziehen. Anfang August verlassen die Waldrappe ihr Brutgebiet. Oft bleiben sie noch mehrere Wochen im nördlichen Alpenvorland, um sich dort von den reichhaltigen Mähwiesen zu ernähren. Sporadisch kehren die Vögel in dieser Zeit immer wieder nach Burghausen zurück. Im September migrieren sie in den Süden.

Neue Maßnahmen sind in Österreich, Deutschland, Italien und der Schweiz geplant. Im Rahmen des LIFE20 Projekts sollen zu den drei bereits etablierten Kolonien in Österreich und Deutschland drei neue Brutkolonien in Goldau (Schweiz),

Bussolengo (Italien) und Rosegg (Österreich) für die Wiederansiedlung des Waldrapps hinzukommen.

Zudem soll eine Satellitenkolonie im näheren Umfeld und mit Vögeln der Brutstandorte Kuchl und Burghausen aufgebaut werden. Als gemeinsames Überwinterungsgebiet aller bestehenden und geplanten Kolonien soll weiterhin die WWF Oasi Laguna di Orbetello in der Toskana dienen, um einen genetischen Austausch in der Gesamtpopulation zu gewährleisten. Bis zum Projektende 2028 sollen wieder mehr als 360 Waldrappe zwischen dem nördlichen Alpenvorland und der Toskana migrieren.

Dies entspricht der errechneten Mindestanzahl von 356 Individuen, die für das fortwährende Bestehen der Auswilderungspopulation nötig ist. Es gibt nur ein Problem: Heute zeigt die Mehrzahl der Waldrappe, die ausgewildert werden sollen, nicht mehr das für sie einst typische Zugverhalten. Die wenigen verbliebenen Populationen haben in Folge menschlicher Einflüsse ihre Zugtradition verloren. Der Waldrapp ist ein Zugvogel. Er lernt seine Flugroute in das Überwinterungsgebiet innerhalb seines ersten Lebensjahres von seinen Artgenossen. Aber diese Routenscouts fehlen bei nachgezüchteten Jungvögeln.

Abb. 5: *Corinna Esterer kuschelt mit den Waldrappen. Dies festigt die Bindung an die Ziehmutter. (Foto: Waldrappteam Conservation & Research)*

Mit den letzten in der freien Wildbahn lebendenden Waldrappen ist in Europa diese Flugtradition verloren gegangen. Heute benötigen sie Zieheltern, die ihnen voranfliegen: die von Menschen geführte Migration.

Abb. 6:    „Ich werde die einzigartigen und atemberaubenden Erfahrungen mit den Vögeln nie vergessen. Es erfüllt mich mit Stolz zu sehen, dass sie mittlerweile ihrem eigenen Nachwuchs den Weg in den Süden zeigen." Ehemalige Ziehmutter Anne Gabriela Schmalstieg. (Foto: Waldrappteam Conservation & Research)

Wenn Sie jetzt die in diesen Bericht integrierten Videos anschauen, lernen Sie den Initiator, Piloten und Leiter des Waldrapp-Projektes Dr. Johannes Fritz und die Ziehmütter Helena Wehner, Lisa Kern, Anne-Gabriela Schmalstieg und Corinna Elsterer sowie das gesamte Waldrappteam kennen.

Sie können die Waldrappe auf ihrem abenteuerlichen Flug in den Süden begleiten, spannende Naturfilme anschauen, die Sie staunen lassen, begeistern werden und auf ein glückliches Ende hoffen lassen.

Der Prägung und dem Heranwachsen folgt ein Flugtraining. Die Waldrappe müssen sich zunächst an das voran fliegende Leichtflugzeug gewöhnen. Wenn ihnen dann die Ziehmütter als Copilotinnen die Zugroute über die Alpen in das Überwinterungsgebiet rund um das Schutzgebiet WWF Oasi Laguna di Orbetello in der Toskana weisen, werden Sie deren Mut und Einsatz bewundern.

Die Flugstrecke ist 700 bis 800 Kilometer lang. Die Waldrappe brauchen bei gutem Wetter rund zwei Wochen, um sie zurückzulegen. In dieser Zeit fliegen die Vögel nicht nur, sondern sie haben Flugpausen, die sie in einer Voliere verbringen. Ihre Ziehmütter versorgen sie in dieser Zeit mit Nahrung. „Es lauern viele Gefahren auf sie, und wir bangen um jeden einzelnen Waldrapp. Für die noch fragile Population kommt es schließlich auf jeden Vogel an", sagt die Biologin Lisbet Siebert-Lang vom Tiergarten Schönbrunn. Sie ist seit 2022 die Projektassistentin des LIFE-Projektes.

Abb. 7:     GPS-Solarsender. (Foto: Deutsche Wildtier Stiftung)

Alle Waldrappe tragen einen leichten solarbetriebenen GPS-Sender auf dem Rücken, mit dem ihre Position in Intervallen per SMS gesendet wird. Entwickelt wurden sie von Ornitela. Sie sind 20 Gramm leicht. Diese bestimmen regelmäßig die Position und übertragen die Daten einmal täglich auf die Internetplattform Movebank und auf die kostenlose vom Max-Planck Institut für Ornithologie in Radolfzell entwickelte APP „Animal Tracker". Dort können Forscher, aber auch alle ande-

Abb. 8: *Übergabe leichter GPS-Solarsender in Burghausen durch Prof. Hackländer (zweiter von links), Vorstandsvorsitzender der Deutschen Wildtier Stiftung. (Foto: Deutsche Wildtier Stiftung)*

ren Interessierten die Flugbewegungen der betreffenden Waldrappe mitverfolgen. Die Sender sind ein wichtiges Instrument zum Schutz der Waldrappe.

Die Deutsche Wildtier Stiftung hat die Waldrappschützer mit dem Kauf einiger dieser ultraleichten Sender unterstützt. Sie werden mit Teflonband-Schlaufen wie ein Rucksack an den Hinterbeinen der Vögel befestigt. Überreicht hat sie der Vorstandsvorsitzende der Deutschen Wildtier Stiftung, Professor Dr. Klaus Hackländer in Wien. „Die Sender leisten einen wichtigen Beitrag zur Identifizierung und Überführung illegaler Jäger, die leider noch immer einen großen Teil der Verluste an Waldrappen in Italien verursachen", sagt der Wildtierbiologe. Insgesamt wurden während des ersten LIFE-Projektes 305 Vögel besendert.

Wilderei ist - global gesehen - eine der wichtigsten Ursachen für den Verlust an Artenvielfalt. Bird Life international schätzt, dass allein im Mittelmeerraum jährlich 36 Millionen Zugvögel illegal getötet werden. Italien ist dabei ein trauriger Hotspot mit 2 bis 6 Millionen Abschüssen pro Jahr. Diesen Daten entsprechen die Erfahrungen mit der Waldrapp-Population.

*Abb. 9:* *Waldrappe über den Alpen. (Foto: Waldrappteam Conservation & Research)*

Im Zuge des ersten LIFE-Projektes bis 2019 konnte in Zusammenarbeit mit italienischen Partnern und der Polizei sowie Jagdverbänden eine Kampagne gegen illegale Abschüsse durchgesetzt werden. Dadurch ging der Anteil abgeschossener Waldrappe an den gesamten Verlusten auf 31 Prozent zurück. Dies ist aber immer noch ein Verlust, der das Waldrapp-Team sehr schmerzt und es darin bestärkt, gegen den Vogelmord anzukämpfen. Auch Stromschläge auf ungesicherten Mittelstrommasten bleiben weiterhin eine große unterschätzte Gefahr.

Wie der Abschlussbericht des ersten LIFE-Projektes zeigt, konnte seit 2014 schon viel erreicht werden: Die Waldrapp-Population ist von 23 auf 140 Vögel zum Projektende 2019 gestiegen. Die Reproduktionsrate hat sich auf 2,85 Jungvögel pro Nest erhöht. Der Status auf der Roten Liste ist durch das Projekt, durch eine Kolonie in der Türkei und durch das Anwachsen der Kolonie in Marokko von „vom Aussterben bedroht" auf „stark gefährdet" gesunken.

Wie hoch der Aufwand für die von Menschen geführten Migrationen ist, zeigen diese Angaben in den Jahresberichten: Die Flugformation, bestehend aus den beiden Fluggeräten und den Vögeln, wird von einem Bodenteam begleitet. Dieses besteht in der Regel aus 8-10 Personen mit unterschiedlichen Aufgaben. Zumindest ein Fahrzeug begleitet die Formation und hält über Funk Kontakt. Das restliche Team baut nach dem Start das jeweilige Camp ab, einschließlich einer 9 x 12 Meter großen Voliere, und fährt dann zum Ort, an dem die Flugformation inzwischen gelandet ist. In der Regel ist das ein kleiner Flugplatz. Dort werden das Camp und die Voliere wieder aufgebaut.

Auf einen Flugtag folgt ein Pausentag. Wetterbedingt kann sich der Zwischenaufenthalt auch verlängern. Die Vögel bleiben in der Zeit in der Voliere und werden von den Zieheltern intensiv betreut. Für die Flugstrecke von rund 800 Kilometern in das Wintergebiet in der Toskana werden etwa 5 bis 7 Flugetappen benötigt.

Wie abenteuerlich der Vogelzug der Waldrappe verlaufen kann, hat Dr. Fritz in seinem Jahresbericht 2021 geschildert: „Am 19. August startete die 14. von Menschen geführte Migration. Das Team bestand aus 13 Personen und 28 Jungvögeln, ausgestattet mit zwei Fluggeräten, vier Fahrzeugen und drei Anhängern. Begleitet wurden wir zudem von einem internationalen Medienteam. Die Flugroute führte von Seekirchen am Wallersee über 750 km bis in die südliche Toskana. Regenfronten, Gewitter und schwierige Windbedingungen beeinflussten den Verlauf der menschengeführten Migration.

*Abb. 10: Flug über den Wolken. (Foto: Waldrappteam Conservation & Research)*

Der erfahrene Pilot Walter Holzmüller verstand es jedoch, für die Migrationsflüge die richtigen Tage auszuwählen. So war es auch bei der dritten Flugetappe am 26. August von Brixen nach Thiene am Rande der Poebene. Die 136 km lange Route führte die Formation von zwei Fluggeräten und 28 Waldrappen vorbei an der berühmten Dolomitengruppe Rosengarten und anderen spektakulären Gebirgsgruppen.

Dabei flog die Gruppe in einer Höhe von etwa 2.500 Metern und hatte die Wolken meist unter sich. Dass die Waldrappe den Fluggeräten auch im schwierigen Gelände der Alpen ohne Zögern zuverlässig folgten, war für das Team auch nach jahrelanger Erfahrung doch überraschend. Nach nur fünf Flugetappen über einen Zeitraum von 14 Tagen, landete das Waldrappteam am 1. September mit allen 28 Vögeln am Rande des WWF Schutzgebietes Oasi Laguna di Orbetello in der südlichen Toskana. Dort verblieben die Jungvögel zunächst zur Gewöhnung in einer Voliere. Im November 2021 fand dann die Auswilderung statt".

Im Jahr 2022 begann nach einem erfolgreichen Training am 16. August die 15. von Menschen geführte Migration. Sie umfasste 29 Jungvögel, 14 Personen, zwei Fluggeräte, vier Fahrzeuge und drei Anhänger. Die erste Flugetappe führte nach Gerlos in Tirol. Dort wurde das Team durch schlechtes Wetter und ungünstige Windverhältnisse sieben Tage lang am Weiterflug gehindert. Am 24. August konnte es die Migration fortsetzen und erreichte am 2. September das Wintergebiet. Bei Ankunft bestand die Gruppe aus 26 Tieren. Drei Vögel waren während der Migration verloren gegangen.

Die für eine Auswilderung notwendige Entwöhnung der Waldrappe von ihren Zieheltern fällt den Ziehmüttern und den Waldrappen gleichermaßen schwer. Aber sie muss sein. Denn das Ziel ist, dass die Waldrappe im Alter von zwei bis drei Jahren selbstständig in die Brutgebiete ziehen und dort brüten, um später ihre eigenen Jungen in den Süden zu führen und eine Zugtradition zu etablieren.

Die Lotsenflüge sind voller Risiken und Gefahren. Das schnell wechselnde Wetter erzwingt Flugpausen. Der Kontakt zwischen den Lotsen darf nicht verloren gehen.

Im Jahr 2022 sind 105 Vögel umgekommen, zwei weitere Vögel mussten aufgrund von Verletzungen an Haltungen abgegeben werden. Haupttodesursache waren Verletzungen (38 %), insbesondere verschiedene Traumata bei Jungvögeln. Der Stromtod an ungesicherten Mittelspannungsmasten (32 %) verursacht wie bei anderen Zugvögeln auch bei den Waldrappen konstant einen hohen Anteil an Verlusten. Der Anteil an illegalen Abschüssen (12 % der Verluste in Italien) war 2022 vergleichsweise gering gegenüber 19 Prozent im Vorjahr. Fritz führte dies auch darauf zurück, dass der Großteil der Vögel aus den Kolonien des nördlichen Alpenvorlandes erst spät im Jahr durch Italien migrierte.

Die Herbstmigration 2022 verlief bei den Vögeln der südlich des Alpenhauptkammes gelegenen Brutkolonie Rosegg regulär. Aber nur fünf Vögel aus den drei Brutkolonien am Alpennordrand überflogen eigenständig die Alpen. 28 Jungvögel und 27 erwachsene Tiere mussten am Alpennordrand gefangen und an den Alpensüdrand transferiert werden, um große Verluste durch den nahenden Winter zu vermeiden.

Dies war für das Waldrappteam alarmierend, aber nicht ganz überraschend. Fritz ordnet dies einem Trend zu, den das Waldrappteam seit 10 Jahren wahrnimmt: Das Timing der Herbstmigration variiert zunehmend und die Abflüge erfolgen immer später. Anfangs begannen die Anflüge gegen die Alpen im frühen Oktober. Im Jahr 2021 querte ein Großteil von ihnen die Alpen aber erst am 26. Oktober. Im Jahr 2022 begannen sie mit den Anflügen nicht vor dem 31. Oktober.

Dabei mangelt es den Waldrappen nicht an Zugmotivation. Seit Ende Oktober waren sie in großen Gruppen wiederholt bis weit in die Alpen geflogen. Die Überlinger Vögel hatten bei einem dieser Anflüge die Schweiz sogar schon beinahe durchquert. Letztlich sind aber fast alle Vögel immer wieder an den Alpennordrand zurückgekehrt.

Die migrierende Waldrapp-Population ist im Jahr 2022 insgesamt von 199 Tieren nur auf 201 Tiere angewachsen. Damit hat das Populationswachstum stagniert. Dies hat insbesondere mit hohen Verlusten in den beiden Kolonien Kuchl und Burghausen während eines Sturms im November 2022 zu tun. Hoffnung macht die hohe Reproduktion der Vögel.

2023 sollte die Migration von Baden-Württemberg im nördlichen Alpenvorland in ein neues Überwinterungsgebiet in Andalusien führen. Dafür war eine Migration über mehr als 2.000 Kilometer erforderlich, annähernd dreimal so weit wie die bisherige Strecke in die Toskana. Der Start sollte nicht erst Mitte August sein, wie es bei den anderen von Menschen geführten Migrationen die Regel war. Er sollte wegen der langen Flugstrecke eine Woche früher, in der Zeit vom siebten bis zehnten August erfolgen. Wie es ausging, war dem Autor dieses Buches noch nicht bekannt. Aber wenn Sie den Newsletter abonnieren und den Jahresbericht 2023 lesen, werden Sie es erfahren. Der Grund für den Wechsel des Zielgebietes lag im Klimawandel. Dadurch setzt der Herbstzug jetzt spät im Jahr ein. Die Folge: die Kolonien nördlich der Alpen hatten aufgrund fehlender Thermik zunehmend Probleme, die Alpen zu überfliegen. Die wesentlich längere Flugroute nach Andalusien könnte eine neue Flugtradition ohne die Überquerung der Alpenbarriere begründen.

Dort lebt eine wiederangesiedelte, sesshafte Waldrapp-Population eines Partnerprojektes (*Proyecto eremita*), der sie sich anschließen können. Johannes Fritz sieht darin die verlockende Perspektive einer gesamteuropäischen Population. Sie hat spannende Implikationen für beide Projekte und könnte die ökologische Flexibilität beider Populationen signifikant erhöhen, schrieb er im Jahresbericht 2022 des Waldrappteams.

Der Jahresbericht 2022 und die Studie von Drenske et. al. verdeutlichen, dass es bis zum Ziel einer sich in Zentraleuropa selbst erhaltenden Population noch ein weiter Weg ist. Der das LIFE 20-Projekt leitende Tiergarten Schönbrunn hält es für unerlässlich, dass auch weiterhin Jungvögel aus Zoos ausgewildert werden müssen, um das Überleben der skurrilen Ibis-Art mit dem schwarzen Federschopf in Mitteleuropa zu sichern.

Die „Waldrapp-Initiative-Waidhofen-an-der-Thaya" sieht in den Erhaltungs- und Zuchtprogrammen der zoologischen Gärten eine Rückversicherung für die Erhaltung der Art und für Wiederansiedlungsprojekte. Eines dieser Programme

*Abb. 11:  Ein subadulter Wildvogel aus der Toskana. (Foto: Helena Wehner)*

wird seit Jahren vom Innsbrucker Alpenzoo geleitet und koordiniert. In diesen Programmen lebten 2023 etwa 1700 Waldrappe aus marokkanischer Herkunft.

Verfolgen kann man das Waldrapp-Projekt durch den Bezug des Newsletters (`https://www.waldrapp.eu/news/`). Wer wie der österreichische Gesundheitsminister Johannes Rauch eine Tierpatenschaft für den Waldrapp übernehmen will, kann dies beim Tierpark Schönbrunn oder unter patenschaft@waldrapp.eu tun.

**Webseiten:**

```
https://www.waldrapp.eu/projektinfo/
http://www.waldrapp.eu/
http://www.waldrapp.at/
https://www.waldrappteam.at/publications/
https://www.deutschewildtierstiftung.de/wildtiere/waldrapp
https://www.zoovienna.at/de/news/waldrapp-senderuebergabe/
http://alt.waldrapp.eu/index.php/de/projekt/projektbericht
http://alt.waldrapp.eu/index.php/de/
https://www.visit-burghausen.com/freizeit-erlebnis/natur/zugvo-
    gel-waldrappisi
```

*Abb. 12: Waldrappe haben einen großen Fanclub. Dies zeigt das von Menschen geformte Logo der „Waldrapp Initiative Waidhofen an der Thaya". (Foto: Hrn. Floh, Hrn. Schiegl und Hrn. Wenger)*

## Videos

Falls die QR-Codes nicht mehr funktionieren, können Sie die Videos auch über über die Suchmasken von Google oder YouTube finden.

| | |
|---|---|
| | Zugang zu Videos von Servus TV und anderen über Medien/Videos<br>`http://alt.waldrapp.eu/index.php/de/medien/videos` |
| | Waldrapp Federführung Schönbrunn<br>`https://youtu.be/D1jokNOVZvA`<br>2:15 |
| | WDR-Mediathek : Fast ausgestorbene Arten-kann Auswilderung sie retten?<br>`https://youtu.be/TwHt3PmyUmA`<br>43:26 |

| | |
|---|---|
| | Job als Vogel-Ziehmutter: Helena rettet den Waldrapp! \| hessen-schau<br>`https://youtu.be/rKmgH9B3AoA`<br>4:32 |
| | Waldrapp Mütter sind am Ziel -Tierpark Schönbrunn<br>`https://youtu.be/52_aSJmPM_A`<br>1:49 |
| | Der Waldrapp kehrt zurück W-Wie Wissen<br>`https://youtu.be/W0hGxosak7o`<br>6:33 |
| | BR 24 Der Waldrapp aufgepäppelt und abgeschossen<br>`https://youtu.be/WngVLwgQC_o 2:47` |

**Tipp:** Wenn das Scannen eines QR-Codes Schwierigkeiten bereitet, decken Sie bitte die direkt darüber und darunter liegenden QR-Codes mit jeweils einem Blatt Papier ab.

# Das Naturparadies im Wattenmeer – Die Vogelschützer von Föhr

Mitten in einem der schönsten der sechzehn deutschen Nationalparks, im Nationalpark Schleswig-Holsteinisches Wattenmeer, liegt die grüne Insel Föhr. Ihr gesundes Klima, die salzhaltige Luft, die schönen Strände, die romantischen Dörfer mit den alten reetgedeckten Häusern, das zum Weltnaturerbe zählende Wattenmeer und ihr einzigartiger Vogelreichtum locken jährlich 200 000 Besucher auf die zweitgrößte deutsche Nordseeinsel.

Sie liegt im Windschatten südöstlich von Sylt und östlich von Amrum. Von Dagebüll-Mole erreicht man sie mit den Fähren der Wyker-Dampfschiff-Reederei in nur 45 Minuten. Wer hier mondäne Bäder wie die Kaiserbäder auf Usedom erwartet, wird enttäuscht. Es gibt nur ein Wellness-Hotel der Spitzenklasse, das am langen Südstrand gelegene „Upstalsboom Wellnes Ressort", aber sehr viele schöne Ferienhäuser und Ferienwohnungen sowie einige kleine Hotels. Die Insel ist vom Massentourismus verschont. Nur in den Sommermonaten wird es etwas voller. Dann werden die 8460 ständigen Inselbewohner zu einer kleinen Minderheit, dominieren die Strandurlauber und sind viele der 2300 Strandkörbe der Insel besetzt.

Wer auch immer die Inselwerbung „Die Friesische Karibik" erfunden hat, muss es mit einem Lächeln getan haben. Was „friesisch" bedeutet, lernen Karibik-Fans allerdings schnell. Denn Palmen sucht man an den Stränden mit einer Gesamtlänge von 15 km vergeblich. Die Wassertemperatur beträgt selbst in den Monaten Juli und August nur zwischen 18 und 19 Grad statt 30 Grad wie in Varadero auf Kuba. Einen Gezeitenwechsel gibt es zwar auch in der Karibik mit ihrem glasklarem tiefblau schimmerndem Wasser, aber keinen, der mit einem mittleren Tidenhub von 2, 85 so groß ist wie im Wattenmeer. Aufgewühlt vom Sand und Schlick, ist das Wasser um die Insel eher grau. Bei Ebbe entsteht eine völlig andere Landschaft, die man bei einer geführten Wattwanderung erleben sollte. Fast 10000 Arten von einzelligen Organismen, Pilzen, Pflanzen und Tieren wie Würmern, Muscheln, Fischen, Vögeln und Säugetieren leben hier.

Vor tropischen Wirbelstürmen muss sich niemand auf Föhr in Sicherheit bringen. Stürme und Sturmfluten gibt es fast nur im Winterhalbjahr. Stattdessen weht auf der durch Amrum und Sylt geschützten Insel eine frische Brise.

Abb. 13: *Watt-Explorer. Wenn Sie nicht in das Watt reiten, sondern lieber eine Wattwanderung machen wollen, laden Sie bitte die kostenlose App „Beach Explorer" herunter.*

Patienten der Reha-Kliniken schätzen sie ebenso wie die Surfer und Segler. Die zahlreichen Radler müssen sich auf Gegenwind einstellen. Deshalb sind E-Bikes bei den Verleihern begehrt. Das Rad eignet sich auch am besten, um die Insel zu erkunden und das Naturjuwel Föhr kennenzulernen: das Vogelparadies. Die Insel und das Wattenmeer sind für Vögel beim Zug im Herbst in ihre Winterquartiere und im Frühling zu ihren Brutrevieren im Norden Rast- und Futterplätze. Hier sammeln sie neue Kräfte für ihren Weiterflug. Jedes Jahr machen 10 bis 12 Millionen Vögel auf ihrer Durchreise nach Westeuropa und Afrika und auf ihrer Rückreise zu den Brutgebieten in Sibirien, Skandinavien und Kanada im Wattenmeer einen Zwischenstopp. Wer die zwei Gesichter der familienfreundlichen Insel Föhr, das Badeparadies und das Naturparadies, kennenlernen will, sollte das im Reise-Know-How-Verlag erschienene Buch von Nicole Funck, Michael Narten und Roland Hanewald „Reise-Know-How Föhr" lesen.
Es ist ein praktischer Reiseführer mit Serviceinformationen, Landschafts- und Naturbeschreibungen, Tourenvorschlägen, Karten und Ortsplänen.

*Abb. 14:  Der Inselkapitän in Nieblum.*

*Abb. 15:  Lena und Uschi Hansen von der
Utersumer Trachtengruppe in Wyk.*

*Abb. 16:  Das Rosenhaus in Nieblum.*

*Abb. 17:  Rainer Nahrendorf vor dem Schullandheim in Nieblum, das er als Schüler vor siebzig Jahren mehrmals besuchte.*

*Abb. 18:  Stockrosen , Rosen und in allen Farben blühende Hortensien schmücken viele Inseldörfer.*

*Abb. 19: Der Südstrand in Wyk.*

*Abb. 20: Kitesurfer am Südstrand im Abendlicht.*

Die Föhr-Tourismus GmbH bemüht sich mit FÖHRgreen um einen nachhaltigen, naturnahen Tourismus. Aber obwohl die Insel vom Tourismus lebt, muss sie auch auf die Interessen der Föhrer Landwirte Rücksicht nehmen. Das führt unweigerlich zu Konflikten zwischen Landwirten und Naturschützern. Diese Konflikte ziehen sich durch die Geschichte des 1993 gegründeten Vereins Elmeere für direkten Naturschutz. Das namengebende Elmeere war eines der größten Gewässer der Insel. Es lag auf der Insel bei Süderende und verschwand bereits um 1800.

Abb. 22: *Wellness pur - total entschleunigt.*

Abb. 21: *Austernfischer genießen das Watt-Büffet.*

Abb. 23: *Föhrer Freunde: Löffler und Kiebitz. (Screenshot aus einem Elmeere Video)*

*Abb. 24: Der neue Elmeere-Flyer.*

*Abb. 25: Landeplatz für Vogelschwärme.*

Der Naturschutzverein hat sich seit seiner Gründung zum Ziel gemacht, landwirtschaftlich genutzte Flächen zu kaufen und ihren ursprünglichen Charakter wiederherzustellen, zu renaturieren. Als Eigentümer kann Elmeere den dauerhaften Schutz und die Pflege dieser Flächen garantieren. Weil der Verein sein

Versprechen gehalten hat, bei geringen Verwaltungskosten hundert Prozent aller Spenden in Flächenkauf und Renaturierung zu investieren, ist er für den NABU ein Leuchtturmprojekt. Über 180 Hektar Land konnte er im Lauf der Jahre bis 2022 erwerben. Mehr als drei Prozent der Föhrer Marsch wurden dadurch wieder zu Lebensräumen für seltene Vogelarten, Amphibien, Insekten und Pflanzen.

Auf der Homepage des Vereins kann man jede einzelne seiner Flächen aufrufen, die Beschreibung lesen und ihr Aussehen anschauen. Eine besonders gute Elmeerefläche, die Nr. 8, wurde nach den Angaben fast 20 Jahre aufs Ärgste sabotiert. Zäune immer wieder zerschnitten, Tor, Infoschilder und Fotoversteck zerstört, Knallkörper gezündet, geschossen und Lärm gemacht, Hunde hineingeschickt und bei Dunkelheit wurde gejagt. Offensichtlich flüchtende Kälber ertranken.

Dr. Finckh, zweiter Vorsitzender von Elmeere, beklagt, dass sich wenig geändert habe. Knallkanonen seien in der Marsch weit verbreitet. Auch Knaller und andere Pyrotechnik werde zur Vogelvergrämung genutzt, leider nicht nur auf den Flächen der Landwirte, sondern auch am Andelhof und neben Elmeereflächen. Zusätzlich gäbe es Störungen durch Quads, Motorräder und Autos, die auf Flächen fahren, wenn sich dort Gänse niedergelassen haben, um Gras zu fressen. Dadurch würden auch empfindlichere Wiesenvögel immer wieder gestört.

Der Infobrief des Vereins vom Mai 2022 berichtet davon, Rast- und Bruthabitate der Wiesenvögel seien in den meisten Bereichen durch Gänsevergrämung, durch eine neu entwickelte Technik, dem Einsatz von Lasern ruiniert wurden. Laserstahlen, schrieb Dr. Helmut Finckh, hinterließen keine Spuren. Elmeere wisse noch nicht, wie der Verein mit dieser katastrophalen Entwicklung umgehen solle.

Im Sachbericht 2023 zum Gemeinschaftlichen Wiesenvogelschutz (GWS) auf der Insel Föhr von Frank Hofediz heißt es, die Vergrämung von Wildgänsen auf Föhr sei im Frühjahr 2022 erneut vielfältig und intensiv gewesen. „Die Maßnahmen reichten von Flatterbändern über Autowracks und Knallgaskanonen bis hin zum Einsatz von Pyrotechnik, Schreckschusspistolen und Lasergeräten. Auch das gezielte Befahren von Flächen trat erneut auf". Diese permanente Unruhe übertrage sich auf Wiesenvögel und weitere Wasservögel, die zusammen mit den Gänsen aufgescheucht werden.

Bei der von Prof. Jesper Madsen von der Uni Aarhus entwickelten Methode der Laservergrämung werden Wildgänse mit einem kräftigem Laserlicht davon abgehalten, sich auf bestellten Feldern niederzulassen und die Bestände abzugrasen. Madsen zufolge werden die Gänse durch den Laser tatsächlich so irritiert, dass sie den Ort nicht anfliegen und sich andere Nahrungsgründe suchen. Der Dachverband der dänischen Land- & Ernährungswirtschaft (L&F) begrüßte zwar nach einem Bericht in top-agrar-online das zusätzliche Werkzeug zur Vergrämung der Nonnengänse, gab aber zu bedenken, dass das Problem von Fraßschäden dadurch nicht gelöst, sondern nur auf das Nachbarfeld ohne „Laserabwehr" verschoben werde.

2022 hatte Elmeere mehrere Renaturierungsanträge gestellt. Sie wurden durch die Gemeindevertretungen abgelehnt, aber Elmeere hoffte trotzdem, durch die Kreisbehörden eine Genehmigung zu erhalten.

*Abb. 26: Auf der Föhrer Ochideenwiese blüht das Breitblättrige Knabenkraut. (Foto: W. Prinz)*

Mit einer 2020 gekauften Fläche hatte Elmeere die einzige Orchideenwiese auf Föhr erworben.

Dort blühten 2022 nach einer anstrengenden Pflege des Biotops 350 Exemplare des Breitblättrigen Knabenkrauts. Da die staubfeinen Orchideensamen bei starkem Wind und guter Thermik bis zu 200 km weit fliegen, könnten sie von dänischen Orchideengebieten auf Jütland bis auf die Insel Föhr geflogen sein.

Auf dem Andelhof des Vereinsgründers Dieter Risse verfügt der Verein über einen modern ausgestatteten Vogelkiek. Mit dem Spektiv und einer Webcam kann man auf renaturierte Flächen und über den Deich bis in das Wattenmeer schauen. Das Geschehen lässt sich auf einem großen Monitor verfolgen. Von den vier Web-Cams des Vereins wird die Live-Storchen-Web-Cam der Villa Friede in Wyk am stärksten genutzt.

Auf einigen der von Dieter Risse erworbenen und renaturierten Flächen zeigte sich, dass aus den ehemaligen Intensivgrünland- und Maisflächen ein hochwertiges Brutgebiet für Wiesenvögel entstehen konnte. Risse zählte auf den Flächen 18 brütende Uferschnepfenpaare, 20 brütende Säbelschnäbler, 29 brütende

*Abb. 27:   Ausschnitt aus Peter Herings Webseite „Vögel auf Föhr".*

*Abb. 28:   Graureiher staunt über seltene Uferschnepfe.*
*(Fotos: Peter Hering, A.Trepte www.avi-fauna.info)*

38

Kiebitze mehrere Rotschenkel - und Austernfischerpaare. Das stand in starkem Kontrast zu der sonst enttäuschenden Entwicklung in der Föhrer Marsch.

Wie aus dem Wiesenvogelschutzbericht 2022 hervorging, lag der Bestand der gefährdeten Uferschnepfen auf Föhr 2022 mit 61 Revierpaaren leicht unter dem Wert des Vorjahres (64 Revierpaare). Der von dem Berichterstatter ermittelte Bruterfolg von 61 Revieren betrug 2022 0,36 Jungvögel pro Uferschnepfenpaar. Das wurde als nicht bestandserhaltend angesehen. Hoffnung macht, dass sich 2023 etwas westlich der früheren Uferschnepfenreviere ein neuer Hotspot mit circa 10 Brutpaaren gebildet hatte.

*Abb. 29: Gut behütet – Nonnengänse mit ihrem Nachwuchs. (Foto: Peter Hering)*

Finckh sah 2023 auch eine weitere Gefährdung der Kiebitz-Population auf der Insel, dem Logo-Vogel des Vereins Elmeere. Die Kiebitze brüten gerne auf offenen Acker- und Wiesenflächen, schilderte er die Problematik. Durch intensive maschinelle Bearbeitung der Flächen würden ihre Gelege zerstört, frisch geschlüpfte Jungvögel fielen der zunehmenden Zahl von Prädatoren zum Opfer. Eine nennenswerte Anzahl von Kiebitzen brütete fast nur noch auf geschützten Flächen (z.B. Elmeere, Gemeinschaftlicher Wiesenvogelschutz, BUND). Auf den GWS-Flächen wurden 2022 118 Kiebitz- und 101 Austernfischer-Reviere sowie ein Rotschenkel-Revier gezählt.

*Abb. 30:   Der Kiebitz, NABU-Vogel des Jahres 1996, macht sich rar. (Foto: A.Trepte www.avi-fauna.info)*

*Abb. 31:   Junger Säbelschnäbler
auf Entdeckungstour.
(Foto: Peter Hering)*

*Abb. 32: Der gefährdete Rotschenkel beobachtet den landenden Grünschenkel. (Foto: Peter Hering)*

In Deutschland nehmen die Bestände fast aller Wiesenvogelarten ab. Als Gründe für die Bestandsrückgänge gelten in erster Linie zu niedrige Reproduktionsraten. Der geringe Bruterfolg ist vor allem auf die Intensivierung der Landwirtschaft, den Mangel an Nahrungshabitaten und Prädation zurückzuführen. Neben der Lebensraumveränderung gilt der direkte Verlust von Gelegen und Jungvögeln durch die Bewirtschaftung der Flächen zur Brutzeit als ein entscheidender Faktor. Auf Föhr wurde 2009 damit begonnen, ein Wiesenvogelschutzprogramm aufzubauen, durch das Landwirte für eine spätere, die Wiesenbrüter schonende Mahd entschädigt wurden.

Föhr ist durch ausgedehnte Marschflächen gekennzeichnet, die bedeutende Bestände von Wiesenlimikolen wie Kiebitz, Uferschnepfe, Rotschenkel und Austernfischer aufweisen. Ganz besonders wichtig ist die Insel für die Uferschnepfe, da sie ein landes- und bundesweit bedeutendes Vorkommen dieser Art beherbergt.

Die Uferschnepfe gilt in Deutschland als vom Aussterben bedroht. Auch auf Föhr zeigt sich, dass Windenergieanlagen für den Artenschutz häufig negative Auswirkungen haben. Im Herbst 2015 waren in der Oevenumer Marsch im

Abb. 34: Die Godel, Föhrs einziger Süßwasserfluss

Nordosten der Insel drei große Windenergieanlagen (WEA) in einem der wenigen Bereiche errichtet worden, in denen auf Föhr noch Uferschnepfen brüten. Im näheren Umfeld der drei WEA gab es 2022 erneut keine Uferschnepfen -Reviergründungen. Auch wenn Föhr nicht zum Nationalpark zählt, ist es eine für Zugvögel und Wiesenbrüter wichtige Insel.

Abb. 33: Info-Tafel des BUND

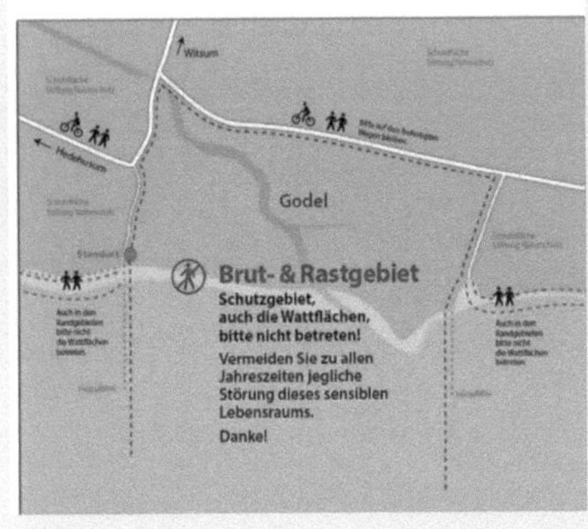


Die Godel, Föhrs einziger Süßwasserfluss, entspringt in den Salzwiesen und schlängelt sich ca. 1,5 km durch diese, bis sie bei Witsum in die Nordsee mündet. Die Bedeutung der Godel-Niederung für die Pflanzen- und Tierwelt ist unstrittig. Besondere Bedeutung kommt den Flächen als Brut- und Rastgebiet zu. Neben Wiesenvogelarten brüten hier Limikolen (z.B. Säbelschnäbler, Rotschenkel), Seeschwalben (z.B. Zwergseeschwalbe), Sandregenpfeifer und Entenvögel. Während der Zugperiode halten sich hier zigtausende Vögel auf (Knutt, Goldregenpfeifer, Kiebitzregenpfeifer, Alpenstrandläufer, Pfuhlschnepfe, Großer Brachvogel, Ringelgans, Pfeifente etc.).

Hier sorgt die BUND – Inselgruppe Föhr in Absprache mit den Gemeinden für den Schutz dieses bedeutenden Landschaftsteiles mit seiner Pflanzen- und Tierwelt und hat seit Dezember 2016 den offiziellen Betreuungsauftrag durch das Land Schleswig-Holstein erhalten.

Dieser Schutz ist notwendig, denn es ist ein einmaliges und bewahrenswertes Schauspiel, wenn die Zugvögel auf ihren Reisen, die teilweise von Skandinavien bis Südafrika reichen, Zwischenstation auf Föhr – in der Godelniederung – machen, um sich Fettreserven anzufressen.

Um das Gebiet vor menschlichen Gefahren zu schützen, wird der Mündungsbereich der Godel mit ihrem Sandhaken durch Pfahlreihen beruhigt. Für die Godel-Niederung selber wird gemeinsam mit den Anliegern ein Pflege- und Entwicklungskonzept erarbeitet. Dieses bietet gefährdeten Arten Schutz und bezieht die dort betroffenen Menschen (vor allem jene aus der Landwirtschaft) mit ein.

Weitere Informationen: *Flyer: Das Schutzgebiet Godelniederung*

Deshalb sollte die Godelniederung mit ihrem Betretungsverbot und ihren Nutzungseinschränkungen nicht das einzige unter Schutz stehende Gebiet Föhrs bleiben. Die starken Bestandsrückgänge der Uferschnepfen, Kiebitze, Rotschenkel und Bekassinen erfordern die Unterschutzstellung weiterer Gebiete der Insel, wenn das Artensterben gestoppt werden soll. Das gestiegene Natur- und Umweltbewusstein der Bevölkerung sollte genutzt und durch eine gute Vogelbeobachtungs-Infrastruktur noch verstärkt werden. Dazu zählen ein Vogel-Lehrpfad mit Schautafeln, Beobachtungshütten an Vogel-Hotspots mit Artenfotos, Kurzbeschreibung und QR-Codes für den Steckbrief sowie ein großes Vogel-Multimediaterminal im Wyker Ortszentrum. Es sollte per Touchscreen Zugang zu Vogelportraits, Videos und Vogelstimmen verschaffen. Kurzum: Peter Herings Internetportal „Vögel auf Föhr" sollte mit einer Auswahl auf eine multimediale digitale Leinwand kommen. Die Mittel für diesen Service könnten Fördermittel-Scouts aus EU-, Bundes- oder Landesprogrammen beschaffen. Zur Finanzierung könnte auch ein geringer freiwilliger Zuschlag zur Kurabgabe beitragen, angepriesen mit der Werbung: „10 Cent für den Artenschutz". Alles nur Wunschträume? Für erfolgreiche Unternehmer gibt es kein „Geht nicht", sondern nur ein „So geht es nicht".

Die ganz überwiegend vom Tourismus lebende Insel Föhr muss vor allem zeigen, dass sich Artenschutz und landwirtschaftliche Nutzung miteinander vereinbaren lassen. Dazu sind Kompromisse unerlässlich. Wenn durch Flächentausch und Flächenkauf ein großes zusammenhängendes Naturschutzgebiet entstünde, auf dem keine Vergrämungsmaßnahmen zulässig wären und die Mahd auf die Zeit nach der Brut verschoben würde, wäre viel gewonnen. Der Flächenkauf von Elmeere müsste wohl durch ein Engagement der Naturschutz-Stiftung Schleswig Holstein ergänzt werden.

Die Fläche der schleswig-holsteinischen „Stiftung Naturschutz" wächst stetig. Im Jahr 2023 besaß die landeseigene Stiftung 33.000 Hektar, die Fläche von 46.200 Fußballplätzen, mehr als zwei Prozent von ganz Schleswig-Holstein.

Die Konflikte mit Landwirten entstehen dadurch, dass geschützte und ungeschützte Flächen zu dicht beieinander liegen. Für eine am Artenschutz ausgerichtete „Flurbereinigung" mit Nutzungseinschränkungen wären Landesmittel für die Entschädigung von Landwirten erforderlich. Sie müssten über die Ausgleichszahlungen im Rahmen des Vertragsnaturschutzes oder des Gemeinschaftlichen Wiesenvogelschutzprogramms hinausgehen. Die Kooperationsbereitschaft eines Teiles der Landwirte, die sich schon beim Wiesenvogelschutzprogramm zeigte, muss ausgebaut, verbreitert und verstärkt werden. „Runde

Abb. 35: *Abendstimmung im Watt. Bald kommt die Flut.*

**Meeresstrand**

*Ans Haff nun fliegt die Möwe,
und Dämmrung bricht herein;
über die feuchten Watten
spiegelt der Abendschein.*

*Graues Geflügel huschet
neben dem Wasser her;
Wie Träume liegen die Inseln
im Nebel auf dem Meer.*

*Ich höre des gärenden Schlammes
geheimnisvollen Ton,
einsames Vogelrufen -
so war es immer schon.*

*Noch einmal schauert leise
und schweiget dann der Wind;
vernehmlich werden die Stimmen,
die über der Tiefe sind.*

Theodor Storm, 1817 – 1888

Tische mit Naturschützern, Landwirten und Touristik-Vertretern könnten sie befördern. Notwendig ist ein „Mehr Miteinander statt Gegeneinander".

Selbst wenn eines Tages vom Aussterben bedrohte Vögel wie heute bei den Feldhamstern nachgezüchtet würden, bedürfte es für die anschließende Auswilderung der Hilfe einiger Landwirte, die Nutzungseinschränkungen akzeptieren. Das geht nicht ohne Entschädigungen. Auch für Naturtouristen geht es nicht ohne Nutzungseinschränkungen. Sie sollten die Wege in Schutzgebieten nicht verlassen und müssen mit ihren Kameras auf Distanz bleiben. Die Beachtung von Absperrungen wie beim Kranichtourismus müssten von Naturwarten oder Naturrangern kontrolliert und Verstöße mit Bußgeldern geahndet werden. Die Erfahrung zeigt: Ohne wirksame Kontrollen geht es leider nicht.

## Webseiten

| | |
|---|---|
| | Nationalpark Wattenmeer Schleswig-Holstein:<br>`https://www.nationalpark-wattenmeer.de/sh/` |
| | Schutzstationen Wattenmeer Föhr:<br>`https://www.schutzstation-wattenmeer.de/unsere-stationen/foehr/` |
| | `https://elmeere.de/home/` |
| | Vögel auf Föhr - Eine fotografische Übersicht über Vogelarten auf Föhr von Peter Hering (voegel-auf-foehr.de)<br>`https://www.voegel-auf-foehr.de` |
| | Die Godelniederung:<br>`https://www.bund-foehr.de/naturschutz/godelniederung` |
| | Gemeinschaftlicher Wiesenvogelschutz:<br>`https://www.bund-foehr.de/fileadmin/foehr/Sachbericht_GWS_Foehr_2022_OnlineKurzfassung.pdf` |

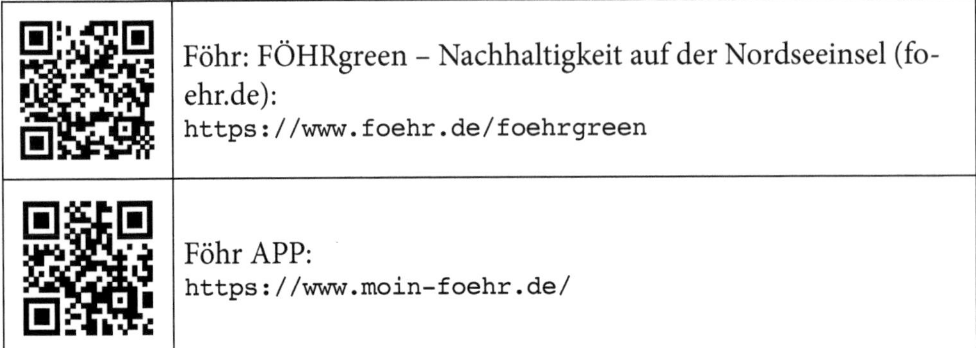

| | |
|---|---|
| | Föhr: FÖHRgreen – Nachhaltigkeit auf der Nordseeinsel (foehr.de):<br>`https://www.foehr.de/foehrgreen` |
| | Föhr APP:<br>`https://www.moin-foehr.de/` |

## Videos

Videos, die auf der Webseite von Elmeere zu sehen sind, werden hier bis auf ein Video nicht aufgeführt

| | |
|---|---|
| | Nationalpark Wattenmeer Schleswig-Holstein<br>`https://youtu.be/-i9Cq3VPjpE` |
| | Führungen durch das Watt<br>`https://youtu.be/8htBmySfsq4`<br>2:44 |
| | Salzwiesen und Wattenmeer<br>`https://youtu.be/L1KB6dcPd2E`<br>4:03 |
| | Musik-Video „Himmel über Föhr"<br>https://youtu.be/bcolA08ATow<br>4:49 |
| | Föhr: Urlaub an der Nordsee auf Deutschlands fünftgrößter Insel \| WDR Reisen - YouTube<br>`https://youtu.be/ENVxF-YlzTM` |

| | |
|---|---|
| | Elmeere Rückblick von Dieter Risse auf 20 Jahre<br>`https://youtu.be/sOQZYMlVts0`<br>17:17 |
| | NDR Landpartie Heike bei Elmeere<br>`https://youtu.be/t-ESSfOwvvE`<br>12:09 |
| | Föhr: Webcams auf der Insel Föhr (foehr.de):<br>`https://www.foehr.de/webcams` |
| | Föhr: Webcam Vogelparadies Andelhof (foehr.de):<br>`https://www.foehr.de/vogelparadies-andelhof` |
| | Robbenzentrum Föhr:<br>`https://www.xn--robbenzentrum-fhr-e0b.de` |

*Abb. 36:  Die letzte Wanderdüne Hamburgs*

# Lokis liebste Düne – Das Boberger Dünenhaus der Loki Schmidt Stiftung

Wanderdünen faszinieren ihre Besucher. Der vom Wind getriebene feinkörnige Sandstrahl hinterlässt ein Prickeln auf der Haut. Das spürt, wer auf die höchste Wanderdüne Europas hinaufsteigt. Dies ist die Grande Dune du Pilat. Sie liegt an der Atlantikküste Frankreichs bei Arcachon in der Nähe von Bordeaux. Wie hoch Wanderdünen genau sind, ist schwer zu bestimmen. So ist es auch bei der Dune du Pilat. Am häufigsten wird eine Höhe von 110 Metern genannt, für die dänische Wanderdüne Rubjerg Knud eine von 70 Metern.

Aber Dünen gibt es nicht nur an Küsten, sondern auch im Binnenland. Eine der schönsten Binnendünen ist die von Klein Schmölen in der Nähe von Dömitz in Mecklenburg-Vorpommern. Diese Binnendünen entstanden vor 12 000 Jahren. Stürme türmten die von den Gletschern gewehten Talsande entlang des Urstromtals der Elbe mehr als 30 Meter auf. Der höchste Punkt der Klein Schmölener Binnendünen wird mit 42 Metern angegeben. Die Dünen-Naturdenkmale liegen häufig in Naturschutzgebieten. Dies trifft auch für Hamburgs letzte Wanderdüne zu. Das Naturschutzgebiet Boberger Niederung liegt in den Hamburger Stadtteilen Billwerder und Lohbrügge. In der Niederung gibt es Geest-, Moor- und Marschflächen und den Boberger See mit Badestellen. Die Niederung ist insbesondere im Sommer ein beliebtes Naherholungsziel für Hamburger. Die Dünenlandschaft entstand während der letzten Eiszeit am Nordufer des früheren Urstromtals der Elbe im Übergangsbereich der Marsch zur Geest. Die Höhe der Kette von Sandbergen wird von 30 bis zu 50 Metern angegeben. Das dürfte übertrieben sein. Im 19. und 20. Jahrhundert wurden die Boberger Dünen zur Materialbeschaffung für Bauten und Geländeeinebnungen abgetragen. Der letzte Teil der Dünenlandschaft blieb nur erhalten, weil man sich 1927 nicht auf den Sandpreis einigen konnte.

Bei Naturschutzexperten gilt die Boberger Niederung als das botanisch wertvollste Gebiet Hamburgs, denn hier gibt es Pflanzen- und Tierarten, die gefährdet sind. Die Golddistel und die Blauflügelige Ödlandschrecke, der Dünensandlaufkäfer und der Ameisenlöwe, der Wachtelkönig und die Heidelerche haben hier ihre Heimat. (Siehe Naturparadiese in den Bergbaufolgelandschaften in diesem Buch). Die Boberger Niederung lockt auch Orchideenliebhaber. Auf den Orchideenwiesen gibt es unter anderem die Mückenhändelwurz, die Sumpf-Stendelwurz und das Breitblättrige Knabenkraut.

Einen besseren Standort für eines der beiden Natur-Infozentren der Loki Schmidt Stiftung als die Boberger Niederung gibt es nicht. Die Tourismusinformation der Hansestadt preist das Dünenhaus so an: „Lernen Sie im Boberger Dünenhaus die Natur auf neue Weise kennen.

Das Boberger Dünenhaus der Stiftung Naturschutz Hamburg und Stiftung Loki Schmidt zum Schutze gefährdeter Pflanzen (kurz: Loki Schmidt Stiftung) bietet eine spannende, erlebnisorientierte Ausstellung über die Boberger Niederung. Das Info-Zentrum in Hamburg Bergedorf ermöglicht Naturerlebnisse für alle Generationen. Ein Schwerpunkt liegt dabei auf der Arbeit mit Kindern und Jugendlichen.

Führungen, Naturerlebnisse mit allen Sinnen, Vorträge, Kindergeburtstage, GPS-Bildungsrouten, Mitmachaktionen, Naturerkundungen und vieles mehr werden im Boberger Dünenhaus angeboten. Erleben kann man dies in einem der schönsten und bedeutendsten Naturschutzgebiete Hamburgs, der Boberger Niederung.“

Die Adresse ist:
Boberger Furt 50
21033 Bergedorf.


Die Öffnungszeiten sind
- Die 09:00 - 13:00
- Mi 09:00 - 13:00
- Do 09:00 - 13:00
- Fr 09:00 - 13:00
- So und Feiertage 11:00 - 17:00
- Der Besuch ist kostenlos.


Wenn Sie nicht mit dem PKW, sondern mit öffentlichen Verkehrsmitteln anreisen, nehmen Sie am besten die S-Bahnlinie S 21 in Richtung Bergedorf bis Mittlerer Landweg und dann die Buslinie 221 bis Billwerder Billdeich. Nun ist es zu Fuß nur noch ein Katzensprung. Achten Sie darauf, dass Sie auf der richtigen Straßenseite stehen. Wenn Sie die S-Bahn aus der Hamburger Innenstadt

Abb. 37:  Die Wüste lebt.

am Mittleren Landweg verlassen, fährt der Bus zum Dünenhaus auf der anderen Straßenseite gegenüber. Er fährt nur stündlich.

Gleich am Eingang des Dünenhauses steht ein Infoständer. Er erklärt, wie die Flächenkäufe der Loki Schmidt Stiftung begonnen haben. Loki hat darüber in ihrem Buch berichtet: „Loki - Hannelore Schmidt erzählt aus ihrem Leben", erschienen 2003 bei Hoffmann und Campe. Die Wiese mit Wildnarzissen an der deutsch-belgischen Grenze kaufte die Stiftung 1977. Die Wiese liegt auf beiden Seiten des Grenzflusses Olef. Werner Otto, der Vater des heutigen Versandhauschefs, finanzierte den Kaufpreis von zwanzigtausend D-Mark. Durch einen Gebietstausch sind an der Olef sechs Kilometer mit Narzissen entstanden.

Abb. 38:  Lokis Erinnerungsbuch

Die Initiative zu dem Gebietstausch ging von den Bürgermeistern von Büllingen in Belgien und Hellenthal in Deutschland aus. Daraus ist eine wunderschöne grenzüberschreitende Zusammenarbeit der Förster mit einem jährlichen Volksfest, dem Narzissenfest, entstanden.

Abb. 39:  Die Narzissenwiese in der Eifel war die erste Stiftungsfläche.

*Abb. 40: Lokis Narzissenwiese an der Olef. (Foto: Loki Schmidt Stiftung)*

Die Narzissen blühen im April und Anfang Mai. Im Internet gibt es eine Prognose, wann die Blüte erwartet wird.

Die Nordeifel-Touristik wirbt für die Narzissenwiesen der Nordeifel so: „Ein einmaliges Naturschauspiel verzaubert die Region jedes Jahr während der Blütezeit von Mitte April bis Anfang Mai.

Dann breiten Millionen von Wildnarzissen im oberen Oleftal bei Hellenthal-Hollerath einen wahren Blütenteppich aus. Während der Blütezeit werden vom Naturpark Nordeifel e.V. regelmäßig geführte Wanderungen zu den Narzissenwiesen angeboten. Im jährlichen Wechsel findet Mitte April das Narzissenfest in Hellenthal-Hollerath und bei Monschau statt.

Die wild wachsende gelbe Narzisse (Narcissus pseudonarcissus) ist die Stammform der aus Parks und Gärten bekannten Osterglocken. Sie wächst in niederschlagsreichen Regionen Westeuropas. In Deutschland kommt sie vor allem in der Eifel vor. Nachdem die Fichtenanpflanzungen dort in Bachtälern auf Initiative der NRW-Stiftung und des Naturparks Nordeifel entfernt worden sind, konnten sich die wilden Narzissen wieder entfalten."
Die Loki Schmidt Stiftung verfügte 2023 über mehr als 40 eigene Flächen. Hinzu kommen noch die gepachteten Flächen.

54

*Abb. 41: Blütenteppich mit kleinen Knabenkräutern und Schlüsselblumen*

*Abb. 42: Kleine Knabenkräuter*

Insgesamt sind dies mehr als 50 Projektgebiete in 10 Bundesländern. Eine weitere wunderschöne Fläche liegt ebenfalls in der Eifel, in der Nähe von Baasem. Dort erwartet die Besucher Anfang Mai ein seltener Orchideenzauber mit mehr als tausend kleinen Knabenkräutern (*Orchis Morio*) und noch einmal tausend gelb blühenden Schlüsselblumen.

Diese Wiese erreicht man nach einer kurzen Wanderung vom Parkplatz an der Hammer Hütte neben der B 421. Von diesem Parkplatz gibt es einen Schleichweg zu der Orchideenwiese. Der Weg umgeht den steilen Anstieg vom gegenüberliegenden geteerten Weg. Es ist ein Trampelpfad, der an den wenigen Häusern der Hammer Hütte vorbei bis zur Bushaltestelle an der B 431 führt. Dort überquert man die Straße und läuft etwa 250 Meter parallel zur Auffahrt auf die B 51 durch ein lichtes, fast ebenerdiges Waldstück und klettert danach einen bis zwei Meter auf den eigentlichen Weg hoch. Er ist hier allerdings nicht mehr geteert. Von den nun rechts abbiegenden Wegen erreicht man mit wenigen Schritten die Hangwiesen mit dem Blütenmeer.

Die Fläche darf von dem mit der Dienstbarkeit beauftragten Bauern nicht umbrochen oder gepflügt und – wenn überhaupt - erst spät gemäht werden. Dies wäre bei der Hanglage aber auch kaum möglich. Sie würde am besten spät in der zweiten Jahreshälfte durch Schafe beweidet, um eine Verfilzung und Verbuschung zu verhindern. Ganz in der Nähe gibt es Orchideenwiesen der NRW-Stiftung ( Siehe Rainer Nahrendorf „Eifel - Das bedrohte Orchideenparadies ).

Die Loki Schmidt Stiftung besitzt mehrere Orchideenwiesen in Deutschland. Die jüngst erworbene ist die Riether Orchideenwiese. Sie liegt unmittelbar an der polnischen Grenze. Dort blühen das Fleischfarbene und das Breitblättrige Knabenkraut, Schlangenknöterich, Schmalblättriges Wollgras und Fieberklee.

Die Stiftung hat zudem vor allem in Norddeutschland nasse Moorflächen erworben. Sie sind für den Arten- und den Klimaschutz gleichermaßen wichtig. Darunter ist das Hamburger Wittmoor. Das Wittmoor-Video finden Sie im Quellenblock. Axel Jahn, Geschäftsführer der Stiftung, stellt es vor.

Wer sich dem Boberger Dünenhaus nähert, kann auf der Rückseite des Zentrums einige der Blumen des Jahres bewundern. Die Foto-Plakate wirken wie eine Blumentapete. Nach dem Lungenenzian im Jahre 1980 war die gelbe Narzisse der Eifel 1981 die zweite Blume des Jahres der Loki Schmidt Stiftung. Schon 1982 folgte mit dem Roten Waldvögelein eine erste Orchidee als Blume des Jahres, dann 1994 mit dem Breitblättrigen Knabenkraut eine zweite.

Meistens erreichen die Loki Schmidt Stiftung Gedichte zur Blume des Jahres. So textete Reinhard Mey zum Großen Wiesenknopf, der Blume des Jahres 2021:

Abb. 43: *Dünenhaus mit Blumen des Jahres*

„Man ehrt den großen Wiesenknopf
Mit seinem krausen Purpurschopf
Als gäb es nur den einen.
Ein andrer hat ein bitt'res Los,
Die Welt ehrt nur was rot und groß
Ist - keiner sieht den Kleinen".

Wie es zur Kür einer Blume des Jahres kam, hat Loki ebenfalls in ihrem Erzähl-
band berichtet. Dazu muss man wissen, dass eine der Vorgängerstiftungen der
späteren Loki Schmidt Stiftung „Stiftung zum Schutze gefährdeter Pflanzen" hieß.
Sie wurde 1985 in „Stiftung Naturschutz Hamburg und Stiftung zum Schutz gefährdeter Pflanzen" umbenannt. Eines der wichtigsten Ziele war die Information
über gefährdete Wildblumen und ihre Lebensräume. Die Stiftung produzierte zu

ihrer Finanzierung unter anderem Autoaufkleber, mit denen sie für den Pflanzenschutz warb. Für einen Aufkleber hatte sich Loki diesen zugkräftigen Spruch ausgedacht: „Ansehen immer, abpflücken nie".

Nachdem sie zur Mitfinanzierung der Stiftung Blumenporträts für Teller gezeichnet hatte, die die Firma Rosenthal produzierte, hat ihre Stiftung 1980 angefangen, jedes Jahr eine Blume des Jahres vorzustellen, um Pflanzen noch stärker in das Bewusstsein der Menschen zu rücken. In den ersten drei, vier Jahren habe die Stiftung besonders attraktive Blumen ausgesucht. Allerdings habe sie beim Vorstellen immer schon berichtet, aus welchem Lebensraum die Pflanze stammt. „Aber nach ein paar Jahren habe ich nicht mehr die Pflanze in den Vordergrund gestellt, sondern ihren Lebensraum", präzisiert Loki in ihrem Buch die Wahl der Blume des Jahres. Die jeweilige Pflanze sei zum Symbol für einen Lebensraum geworden.

Auf die Frage, wer die Blume des Jahres aussucht, gab Loki diese Antwort: „Ich habe mir eigentlich die Blume immer selbst ausgedacht, habe sie als Vorschlag meinem Stiftungsvorstand vorgetragen, und der war stets einverstanden. Den Text, den ich den Journalisten vortrage, mache ich auch selber". Loki Schmidt, die Ehefrau des Kanzlers Helmut Schmidt, die Lehrerin, Naturschützerin und Buchautorin, starb im Alter von 91 Jahren am 21.Oktober 2010. Aber sie lebt weiter in den Blumen des Jahres. Bei der Vorstellung der Blume des Jahres 2023 sagte Axel Jahn: „Die Loki Schmidt Stiftung hat die Kleine Braunelle zur Blume des Jahres 2023 gewählt, um auf den schleichenden Verlust zahlreicher Pflanzen- und Tierarten aufmerksam zu machen. Wir alle können und müssen etwas tun, um diesen Prozess aufzuhalten. Im Garten, an Straßen, zwischen Wohnblöcken, in der Landwirtschaft: Lassen wir wieder mehr Natur zu!"

Weil sie selbst eine engagierte Lehrerin war, ist bis heute die Förderung der Naturbildung besonders von Kindern einer der wichtigsten Arbeitsschwerpunkte der Stiftung. Das fällt Besuchern des Dünenhauses sofort auf. Die Tür zu den Ausstellungsräumen ist geschlossen, aber hinter der Tür ist es laut. Begeisterte Freudenschreie von Kindern sind zu hören. Sie zeigen einander ihre Entdeckungen in den Schaukästen und auf den Schautafeln mit der Feuchtwiese, dem Bruchwald, der Düne, den präparierten Tieren wie Füchse, Igel, Hasen und einen Specht. Verlässt die eine Kindergruppe die Räume, folgt schnell die nächste.

Eine Mitarbeiterin der Stiftung erklärt die auf den Schautafeln gezeichneten Tiere und Pflanzen. Manche haben die Kleinen schon gekannt, wie die Antworten auf die Fragen der Mitarbeiterin zeigen. Als die Kinder die Ausstellungsräume verlassen, sagt ein Junge „ Toll! Ich komme mit meinen Eltern wieder."

*Abb. 44: Das Leben im Bruchwald.*

*Abb. 45: Der Buntspecht*

Dann ziehen die Kinder, geführt von einem der Mädchen, die im Dünenhaus ein freiwilliges ökologisches Jahr absolvieren, in die Düne. Im Schatten einiger Bäume picknickt die Gruppe. Über das Jahr kommen nach Angaben von Karen Elvers, Leiterin des Dünenhauses, etwa 300 Kita-Gruppen und rund 50 Schulklassen, vor allem die Klassen eins bis vier. Von der Begeisterung der Kinder berichtet auch Frau Elvers „Bei uns lieben sie das Entdecken der Düne und seiner Lebewesen. Auch haben die Kinder viel Interesse an Tümpeln in der Bille, also Kleinstlebewesen aus einem Flüsschen zu keschern und zu bestimmen".

*Abb. 46: Kräftesammeln beim Picknick.*

Das beste Beispiel für spielerisches Lernen seien die Naturerlebnisführungen. Sie gingen immer von realen Phänomenen aus. Wenn die Schnecke das Thema ist, fragen wir eventuell „Welche Feinde hat die Schnecke? Wenn wir eine tote Maus finden, fragen wir, warum ist die Maus tot, was ist ihr zugestoßen? Wir benutzen die Methode „Philosophieren mit Kindern" und suchen respektvoll und wertschätzend Antworten. Die Führungen haben einen bestimmten Aufbau: Begrüßung-Wissenvermittlung-Bewegungsspiel-Sinnesspiel-Aktion-Reflexion-Abschlusskreis. Mit diesen Methoden wird jedes Thema zum spielerischen Lernen und zu einem Erfolg. Mit Erfolg meine ich, dass die Kinder die Natur positiv sehen und sich in Lebewesen, Tiere und Pflanzen hineinversetzen können - Empathie empfinden". Wenn dies erreicht worden ist, können die Kinder auch in einem von der Stiftung angebotenen Workshop in den Ferien gute kleine Naturbotschafter *innen werden.

Über das pädagogische Lernziel der Stiftung heißt es auf der Homepage: „Menschen für die Natur nachhaltig zu begeistern, das Wissen um die biologische Vielfalt zu fördern und sie zu ermutigen, Verantwortung für unsere natürlichen

Lebensgrundlagen zu übernehmen, ist Ziel der Bildungsarbeit der Loki Schmidt Stiftung. Um dieses Ziel zu erreichen, bietet die Stiftung ein reiches Angebot von mehr als 1000 Veranstaltungen pro Jahr in ihren Info-Zentren und auf ihren Stiftungsflächen an, bei denen Kinder und Erwachsene die Natur mit allen Sinnen erleben können.

Das zweite Info-Zentrum der Stiftung ist das Fischbeker Heidehaus in Hamburg-Neugraben. Das Naturschutz-Informationszentrum in der Fischbeker Heide befindet sich im Besitz der Behörde für Umwelt, Klima, Energie und Agrarwirtschaft (BUKEA) und wird von der Loki Schmidt Stiftung betrieben. Jährlich besuchen tausende Naturschutzinteressierte das Heidehaus und das Naturschutzgebiet, darunter Schulklassen, Kitas, Wandergruppen und Vereine.

*Abb. 47: Tausende Besucher kommen jährlich in das Heidehaus. (Foto: Loki Schmidt Stiftung)*

Zu den Weiterbildungsaktivitäten gehört neben den Angeboten der stiftungseigenen Naturschutz-Akademie ein Lehrgang für Erzieher und Erzieherinnen. Die Loki Schmidt Stiftung ist einer der größten außerschulischen Anbieter für Naturpädagogik für Kinder und Jugendliche in Hamburg. Unter der Schirmherrschaft der Sozialsenatorin Dr. Melanie Leonhard und gemeinsam mit der WABE

International Academy will die Stiftung mit diesem Lehrgang dazu beitragen, dass Naturerleben und Naturwissen im Hamburger Kita- und Vorschulalltag gestärkt werden, indem sie Erzieherinnen und Erzieher in diesem Themenbereich qualifiziert und weiterbildet.

*Abb. 48: Das Hamburger Wittmoor konnte dank der Spenden zum größten Teil von der Stiftung erworben und erfolgreich renaturiert werden. (Foto: Loki Schmidt Stiftung)*

Wie die meisten Stiftungen wirbt die Loki Schmidt Stiftung um Spenden, um ihre Projekte zu finanzieren. Eines dieser Projekte ruft zur Rettung der Moore mit ihrer Artenvielfalt für spezialisierte Pflanzen- und Tierarten auf. Intakte Moore seien effektive Wasserspeicher und die größten Kohlenstoffspeicher der Erde. Sie seien von unschätzbarem Wert für den Klimaschutz ( Siehe Rainer Nahrendorf „Sexfallen und Killerpflanzen" sowie Succow Stiftung in diesem Buch). Ein 2023 veranstalteter erster Lehrgang der Naturschutzakademie „Zertifizierte Natur- und Landschaftsführer mit dem Schwerpunkt Moore in Hamburg" soll Naturführer für moorspezifische Führungen, Bildungsprogramme und Workshops qualifizieren. Ziel soll es sein, Menschen für Moore zu begeistern und über die

Klimawirksamkeit von Mooren zu informieren. Unterstützt in ihrem Einsatz zur Rettung der Moore wurde die Stiftung unter anderem durch die Sparda Bank Hamburg eG.

Sie veranstaltete eine Spendenaktion zugunsten der Loki Schmidt Stiftung unter dem Motto: „Sparda zeigt die grüne Karte" und sammelte bei ihren Kundinnen und Kunden 30.000 € für den Moorschutz im Oktober und November 2022.

**Webseiten und Videos:**

| | |
|---|---|
| | Stiftungsseite:<br>`https://loki-schmidt-stiftung.de` |
| | Die Nordeifel - Naturschauspiele „Narzissen" (nordeifel-tourismus.de)<br>`https://nordeifel-tourismus.de/aktivzeit/natur-erleben/natur-schauspiele/narzissen` |
| | Narzissenwanderung Büllingen (Ostbelgien)<br>`https://www.ostbelgien.eu/de/fiche/hiking/narzissenwande-rung-5-km` |
| | Jedem Kind seine Naturerlebnisse<br>`https://loki-schmidt-stiftung.de/jedem-kind-seine-naturerlebnisse`<br>2:01 |

| | |
|---|---|
| | Image-Stiftungsfilm<br>`https://youtu.be/mkYq4-RCunM`<br>1:21 |
| | Die Narzissenwiese im Olefttal<br>`https://youtu.be/1SqZIRQzDLc`<br>1:31 |
| | Im Tal der wilden Narzissen<br>`https://youtu.be/K-ZUz-CnSHI?si=b_1e15gNrQ7V4KxV` |
| | Der Große Wiesenknopf –Blume des Jahes 2021<br>`https://youtu.be/WBfGQdm4Njc`<br>3:49 |
| | Mit der Loki Schmidt Stiftung im Wittmoor<br>`https://youtu.be/iu3LEzyWqJk`<br>4:40 |
| | Eine Führung durch die Fischbeker Heide<br>`https://youtu.be/j_7dgs6KaZw`<br>16:20 |

64

*Abb. 49:  Das Stifterehepaar Rainer und Karin von Boeckh schufen „Das Mainzer Land" im Naturparadies Grünhaus (Foto: Screenshot aus Stiftervideo)*

# Die Wiedergeburt der Natur I
## – Die Rainer von Boeckh-Stiftung
### Das Mainzer Land im Naturparadies Grünhaus

So genannte „Gutmenschen" werden häufig von „Machern" mit ihren Handlungs- oder Wiederwahlzwängen belächelt, jedoch, was wäre unsere Gesellschaft ohne sie? Sie wäre kälter und ärmer. Es sind die Stifter und Spender, die mit ihren gemeinnützigen Spenden und ihrem Vorbild überall dort helfen, wo die Kräfte des Staates nicht ausreichen oder er die Prioritäten anders setzt. Gewiss, auch Staatsmänner denken an die nächsten Generationen und nicht an die nächste Wahl, aber sie sind rar geworden. Deshalb gibt es in der Rentenpolitik in Deutschland wie in anderen europäischen Ländern keine nachhaltige, zukunftsfeste Rentenpolitik. Noch ist offen, ob viel beschworene Nachhaltigkeit beim Klima- und Naturschutz rechtzeitig erreicht wird, bevor die Erderwärmung immer neue Katastrophen auslöst und sich das Artensterben unaufhaltsam fortsetzt.

Die Gefahr, dass sich unser blaugrüner Planet in einen grauen Planeten verwandelt, ist noch nicht gebannt. Eine „Mondlandschaft" wieder zu begrünen, war das Ziel von Rainer von Boeckh und seiner Frau Karin, von zwei Gutmenschen, die nicht so genannt werden wollen und es doch sind.

Der Mainzer Physiker und Naturschützer und seine naturverbundene Ehefrau wollten helfen, eine durch den Braunkohleabbau erschöpfte und völlig zerstörte Landschaft wiederzubeleben. Aus einer unfruchtbaren Brache sollte ein Naturparadies entstehen. Deshalb machte sich Rainer von Boeckh zu seinem 70. Geburtstag im Jahre 2005 selbst ein Geschenk. Er gründete eine von der „NABU-Stiftung Nationales Naturerbe" verwaltete Treuhandstiftung und stattete sie mit einem Startkapital von 70 000 Euro aus. Eine Summe, die durch seine eigenen Spenden und Spenden aus dem Kreis der Förderer kontinuierlich bis zum Frühjahr 2023 auf etwa das Zehnfache gewachsen war.

Aus Dankbarkeit für ein erfülltes Leben wollte das Stifterehepaar etwas an die Gemeinschaft zurückgeben, statt das Ersparte weiter anwachsen zu lassen. Da nur 5 Prozent aller Spenden und etwa 5 Prozent aller neu gegründeten Stiftungen den Schutz der Umwelt und der Natur fördern, sollten ihre Spenden nicht den großen

Spendentopf für humanitäre Hilfen weiter füllen. Sie sollten, so notwendig humanitäre Hilfen auch sind, der leidenden Natur bei ihrer Wiedergenesung helfen.

„Mit meiner Stiftung und meinen Spenden", sagt von Boeckh, „will ich etwas Bleibendes schaffen, ich will helfen, das Naturerbe für kommende Generationen zu bewahren". Wie sehr eine Landschaft unter dem Abbau von Braunkohle leidet, hatten sie bei ihren Reisen durch die brandenburgische Niederlausitz gesehen. In den stillgelegten Tagebauen südlich von Finsterwalde hatten die Bagger riesige Gruben und zerklüftete Böschungen hinterlassen. Alles Leben war erloschen. Hier hatte die „NABU-Stiftung Nationales Naturerbe" rund 2000 Hektar Land erworben. Das Naturparadies Grünhaus sollte entstehen. Seltene und gefährdete Tier- und Pflanzenarten sollten sich ansiedeln. Im Laufe der Jahre sollten sich Wälder und Seen mit Trocken- und Feuchtgebieten entwickeln. Dazu wollten die von Boeckhs mit ihrer Stiftung einen Beitrag leisten. Das nach Boeckhs Heimat genannte „Mainzer Land" umfasst inzwischen sieben Quadratkilometer des insgesamt 20 Quadratkilometer großen Naturparadieses Grünhaus. Die Preise für Flächen in der ehemaligen Mondlandschaft betragen nur einen Bruchteil dessen, was es kosten würde, ein vergleichbar großes Gebiet in Rheinland-Pfalz zu kaufen.

Die Natur-Reha hat bereits beachtliche Fortschritte gemacht. Wenn er die Boeckh-Flächen und den Boeckh-See besucht oder Fotos davon sieht, gehe ihm das Herz auf, sagt er mit einem glücklichen Lächeln. Über 3.000 Arten konnten bereits im Naturparadies Grünhaus nachgewiesen werden, darunter Pioniere für Sandflächen und vegetationsarme Landschaften: Vögel wie der Steinschmätzer oder der Brachpieper. Für den Wiedehopf ist die offene Landschaft ein idealer Lebensraum. Er kommt jedes Jahr Anfang April aus seinem afrikanischen Winterquartier nach Grünhaus zurück. Zehn Brutpaare sind in dem ehemaligen Tagebaugebiet mittlerweile heimisch. Wenn ab Februar die ersten Kraniche am Himmel über das Land fliegen, weiß man: Der Frühling ist nicht mehr weit. Die Bergbaufolgelandschaften in der Niederlausitz sind über die Jahre zu wichtigen Rast- und Brutgebieten für Kraniche geworden.

In Grünhaus gibt es inzwischen große Wasserflächen. Sie dienen im Herbst und im Frühjahr nicht nur hunderten von Kranichen als Schlafplätze. Der nicht weit vom Boeckh-See entfernt gelegene Tagebausee „Schwarze Keute" ist ein beliebter Schlafplatz für tausende nordische Gänse. Sie rasten hier während des kräftezehrenden Vogelzugs.

Auch Insekten, über 400 Schmetterlingsarten, die Blauflügelige Sandschrecke und die Sandwespe findet man hier ebenso wie typische Pflanzen: das

Abb. 50:  Der Von-Boeckh-See (Foto: Rainer von Boeckh)

Berg-Sandknöpfchen, das Ebensträußige Gipskraut und die Sandstrohblume. Seit 2013 lebt ein Wolfsrudel in Grünhaus.

So entsteht in Grünhaus eine faszinierende Wildnis, in der sich die Natur nach ihren eigenen Gesetzen entwickeln darf. Gleichzeitig bildet sich durch den heranwachsenden Wald eine $CO_2$-Senke. Dies ist ein wichtiges Klima-Schutz-Projekt. Erleben lässt sich diese Arche Noah in geführten Gruppen oder in Randbereichen auf einem „Panorama-Weg". Die NABU-Stiftung „Nationales Naturerbe" und die von Boeckh-Stiftung werben um Spenden, Zustiftungen und um Mainzer-Land-Patenschaften. Sie tragen dazu bei, dass die Kosten des Flächenbesitzes der Naturerbe-Stiftung für Pachten, Verwaltung, Pflege sowie für einen hauptamtlichen Mitarbeiter bestritten werden können. Dieser leitet das eigens geschaffene NABU-Projektbüro Grünhaus.

Rainer von Boeckh ist stolz auf seine Stiftung. Aber wenn das Mainzer Land heute ein schönes Teilstück des Naturparadieses Grünhaus geworden ist, dann sei es vor allem ein Erfolg seiner großen Förderfamilie. Ihr danke er von Herzen.

**Webseiten und Video:**

| | |
|---|---|
| | `https://naturerbe.nabu.de/stiftungsfamilie/treu-`<br>`    handstiftungen/boeckh-stiftung/hintergrund.html` |
| | `https://www.nabu.de/natur-und-landschaft/schutzge-`<br>`    biete/nabu-schutzgebiete/brandenburg/24895.html` |
| | `https://naturerbe.nabu.de/stiftungsfamilie/treu-`<br>`    handstiftungen/boeckh-stiftung/index.html` |
| | `https://naturerbe.nabu.de/imperia/md/content/stif-`<br>`    tungnaturerbe/info/20210317-mainzer-land-falt-`<br>`    blatt.pdf` |
| | Der Stifterfilm<br>`https://youtu.be/Gtht_EbkPyY` |

# Die Wiedergeburt der Natur II
– Das Sielmann-Naturparadies Wanninchen

Gut 24 km vom Naturparadies Grünhaus entfernt hat im Naturpark Niederlausitzer Landrücken die Natur eine zweite Chance bekommen. Dort liegt in einer Bergbaufolgelandschaft Wanninchen. Der acht Kilometer von Luckau entfernte ehemalige Wohnort Wanninchen im Landkreis Dahme-Spreewald ist bis auf ein Haus weggebaggert worden. Die letzten 40 Einwohner mussten 1986 dem Braunkohlentagebau Schlabendorf-Süd weichen. In dem stehengebliebenen Haus befindet sich heute das Sielmann-Natur-Erlebniszentrum. Im Zentrum informiert eine Ausstellung „Landschaft im Wandel" über die Entwicklung der Region vom Tagebau zur wildnisähnlichen Landschaft mit ihren bizarren Formationen, neu entstandenen Wasserflächen und ihrem außerordentlichen Artenreichtum.

Abb. 51: *Die Düne Wanninchen. (Foto: Ralf Donat)*

Großformatige Fotos und interaktive Elemente wie Touchscreens, Dioramen und ein Flugsimulator bringen den Besuchern das Gebiet nahe.

*Abb. 52:    Tausende Kraniche machen an den Seen Rast. (Fotos: Ralf Donat)*

*Abb. 53:    Die Bergbaufolgelandschaften in der Niederlausitz sind über die Jahre zu wichtigen Rast- und Brutgebieten für Kraniche geworden. (Foto: Ralf Donat)*

Der drei Jahrzehnte dauernde Abbau von Braunkohle hatte eine zerfurchte Mondlandschaft hinterlassen. Die Stifter Heinz und Inge Sielmann erkannten das Potenzial der verwüsteten Landschaft. Sie kauften im Sommer 2000 zunächst 722 Hektar für den Natur- und Artenschutz. Weitere Flächenkäufe kamen hinzu. Heute umfasst Sielmanns Naturlandschaft 3200 Hektar, davon entfallen fünf Hektar auf das Gelände des Naturerlebniszentrums.

Auf Rundwegen wie dem Wiedehopfweg oder dem Schellentenweg kann die Entwicklung der Landschaft von verschiedenen Aussichtspunkten verfolgt werden.

Jährlich besuchen etliche Naturliebhaber Sielmanns Naturlandschaft Wanninchen, um den Wandel dieser Landschaft, ihre Reize sowie ihre Bewohner zu erleben. Das Natur-Erlebniszentrum lockt große und kleine Besucher sowie Kitas und Schulklassen mit einem vielfältigen Angebot. Dies sind Ausstellungen, Veranstaltungen, Führungen durch das neu gestaltete Außengelände, ein Erlebnisweiher mit Fröschen und Schildkröten, ein Moorsteg, ein Findlingsgarten, eine Bienenburg und ein Naturspielplatz.

Das Zentrum bietet Ferienprogramme und Aktionstage an. Mehrere Tausend Kinder und Jugendliche besuchen das Gelände pro Jahr.

Abb. 54:  Der Schlabendorfer See. Sielmanns Naturlandschaft Wanninchen umfasst 3200 Hektar. Fast zwei Drittel aller Sielmannflächen sind Naturschutzgebiete. (Foto: Ralf Donat)

Vom Aussichtsturm auf dem Gelände des Zentrums können Besucher im Herbst das Zugvogel-Spektakel erleben.

Durch das angestiegene Grundwasser sind Seen und Sumpfgebiete entstanden. Tausende Kraniche und Wildgänse machen dort auf ihrem Zug nach Süden Rast, hunderte Sing- und Höckerschwäne beleben schon im Januar die großen Seen. Neben den Seen gibt es ein Mosaik von Tümpeln. Die vom Regen gefüllten Tümpel sind ideale Reviere für Amphibien und Libellen. Auch eine barrierefreie Aussichtsplattform ermöglicht einen Rundum-Blick über den Schlabendorfer See und die faszinierende, sich ständig verändernde Bergbaufolgelandschaft.

Sie kann man aber auch virtuell auf den 360-Grad-Fotos bestaunen. Diese Fotos sind auf der Homepage des Natur-Erlebniszentrums zu finden.

Von den 3.300 Hektar Sielmannflächen sind 63 Prozent Naturschutzgebiete. Die Artenvielfalt ist für diese neu entstandenen Biotope erstaunlich: 450 Großschmetterlingsarten, 40 Libellenarten, 117 Brutvogelarten und 92 Gastvogelarten wurden hier gezählt.

Die scheinbar tote Wüste lebt. Kreiselwespen graben Niströhren in den lockeren Sand. Der Ameisenlöwe lauert auf Beute, vertilgt Ameisen und andere kleine Tiere, die aus seinen rutschigen Fallen nicht herauskrabbeln können.

*Abb. 55:  Uferschwalbe füttert ihren Nachwuchs. (Screenshot aus dem Video „Sielmanns Naturlandschaften")*

*Abb. 56: Die blauflügelige Sandschrecke zählt zu den „Small Five" von Sielmanns Naturlandschaft. (Foto: Ralf Donat)*

Der Ameisenlöwe zählt neben der Kreiselwespe, dem Strandlaufkäfer, dem Sandohrwurm und der Sandschrecke zu den fünf kleinen Insekten, den „Small Five" der Sielmann-Naturlandschaft. (Siehe auch denBericht über das Boberger Dünenhaus der Loki Schmidt Stiftung.)

Zu den „Big Five" gehören in Wanninchen die Kraniche, Gänse, Singschwäne, der Rothirsch und der Wolf.

Auch Fischotter, Wolf und Biber haben neue Lebensräume gefunden. Innerhalb weniger Jahre entwickelten sich einzigartige „Naturparadiese aus zweiter Hand".

Es gibt Sanddünen ohne Vegetation, ausgedehnte Trockenrasen, große Seen, Vernässungsbereiche, junge Wälder und Heckenstrukturen. Tertiäre Sande verlangsamen den Bewuchs mit Pflanzen, Sträuchern und Bäumen. In den extremen Lebensräumen haben sich das Silbergras und die Sandstrohblume angesiedelt, sowie Tiere, die Sand lieben. Dazu gehören viele Wildbienen, Sand- und Wegwespen.

Um den Rückgang der Insekten und besonders der Bestäuber zu verlangsamen, hat das Forschungsinstitut für Bergbaufolgelandschaften (FIB) an mehreren Standorten in der Lausitz gemeinsam mit Dorfgemeinschaften oder Umwelt-

*Abb. 57: Ralf Donat leitet das Natur-Erlebniszentrum Wanninchen. (Foto: Ralf Donat)*

bildungsstätten Bienenburgen errichtet. Diese bieten einen vielseitigen Lebensraum nicht nur für Wildbienen, sondern auch für andere Kleintiere wie Eidechsen. Auch das Natur-Erlebniszentrum Wanninchen ist ein Teil dieser Aktion. Der Bau der Bienenburg in Wanninchen begann im November 2022. Informationen zu Bienenburgen finden Leser unter: https://www.bienenburgen.de/. Um die Bienenburg herum wurden verschiedene Blumenbeete mit bienenfreundlichen Pflanzen angelegt. Dadurch finden die Bienen sowohl einen Nistplatz als auch ein geeignetes Nahrungsangebot auf dem Gelände des Natur-Erlebniszentrums. Die Sielmann-Stiftung betreut in Brandenburg gut 13 000 Hektar Naturschutzflächen, vor allem auf ehemaligen Truppenübungsflächen und früheren Tagebaulandschaften. Wo einst Panzer rollten oder Bagger die Erde umpflügten, sind schöne wilde Naturlandschaften entstanden.

Für Hobbyfotografen, die die Wiedergeburt einer sich weiter wandelnden Landschaft festhalten und dokumentieren wollen, gibt es Naturfoto-Workshops und eine von dem Naturfotografen und Gebietsbetreuer Ralf Donat geleitete Fotosafari.

## Webseiten und Video:

| | |
|---|---|
| | `https://www.sielmann-stiftung.de/` |
| | `https://www.niederlausitzer-landruecken-naturpark.`<br>`    de/` |
| | `https://www.wanninchen.de/` |
| | `https://www.sielmann-stiftung.de/fileadmin/Medien-`<br>`    datenbank/Publikationen/Broschuere_SNL_Wannin-`<br>`    chen.pdf` |
| | `https://www.wanninchen.de/projekt-bienenburg` |
| | Sielmann Naturparkzentrum Wanninchen : Radtouren und Radwege \|<br>komoot<br>`https://www.komoot.de/highlight/326896` |
| | Sielmanns Naturlandschaft Wanninchen - Renaturierung einer Bergbau-<br>folgelandschaft<br>`https://youtu.be/_3JNGUzsRxw?si=9nbfVdCQ9OOUQAIN` |

Abb. 58: *Firmengebäude in Mainz. Werner & Mertz beschäftigt über 1000 Mitarbeiter an seinen Standorten in Mainz und Hallein (Foto: Luftaufnahme Werner & Mertz)*

# Pionier der Kreislaufwirtschaft – Werner & Mertz

Kaum ein Thema treibt den Naturschutzbund Deutschland (NABU) so um wie die Müllberge und die Plastikflut. Seit Jahren kämpft er deshalb für eine Abfallvermeidung und funktionierende Kreislaufwirtschaft mit hohen Recyclingquoten.

Nicht nur die Unternehmensgruppe mit dem Grünen Punkt unterstützt ihn darin, sondern auch Werner & Mertz. Der Hersteller von Wasch-, Reinigungs- und Pflegeprodukten ist vor allem durch seine Marken Erdal, Frosch und tana professional bekannt. Mit der Marke Frosch entwickelte sich das Unternehmen seit 1986 zum führenden Anbieter ökologisch orientierter Reinigungsmittel. Das Unternehmen ist durch seine Werbung mit dem grünen Frosch über die deutschen Grenzen hinaus bekannt. Auf Anzeigen mit einem Frosch wirbt es für einen aktiven Klimaschutz, bedankt sich für das Sammeln und Mitmachen und weist darauf hin, dass Froschflaschen zu 100 Prozent aus Altplastik bestehen, davon zu 50 Prozent aus Plastikmüll aus dem Gelben Sack. Unter dem NABU-Logo heißt es „Gemeinsam für Kreislaufwirtschaft".

Die vertrauensvolle Kooperation mit dem NABU besteht bereits seit 1998. Details veröffentlichen weder der NABU noch Werner & Mertz. Der Naturschutzverband schätzt besonders, dass der Nachhaltigkeitsgedanke für Werner & Mertz bei seiner Produktion von Reinigungsmitteln oberste Priorität hat. Kreislaufwirtschaft sei eine zentrale Säule und werde entlang der gesamten Wertschöpfungskette umgesetzt: von der Rezeptur, der Produktion bis zu der Verpackung.

Seit 2012 setzt sich Werner & Mertz in der Rezyklat-Initiative mit Kooperationspartnern für die hochwertige Wiederverwertung von Plastikmüll aus dem Gelben Sack ein. Das Unternehmen beansprucht für sich, den Recycling Weltrekord zu halten. Auch der neue Sprühkopf sei ein echter Rekordhalter in puncto Nachhaltigkeit. Für seinen neuen Sprühkopf hat Werner & Mertz den Deutschen Verpackungspreis 2022 in der Kategorie „Nachhaltigkeit" erhalten. Den aktuellen Recycling-Rekord kann man auf einer digitalen Messuhr auf der Homepage ablesen.

Stolz ist der Inhaber Reinhard Schneider auf die Anerkennung durch EMAS, das weltweit umfassendste und hochwertigste System für nachhaltiges Umweltmanagement. Mit der EMAS-Validierung der Produktionsstandorte könne Werner & Mertz transparent belegen, wie konsequent das Unternehmen seine Nachhaltigkeitsphilosophie tatsächlich lebt.

Reinhard Schneider, ein Nachfahre der Firmengründer, geschäftsführender Gesellschafter und Alleineigentümer der Werner & Mertz GmbH, führt das Unternehmen nach einer Maxime, die er so formuliert: „Nachhaltigkeit erlebbar machen – das ist unser Ziel. Es wird in Zukunft immer wichtiger werden, über das eigentliche Produkt hinaus Informationen über die generelle Herstellerphilosophie zu vermitteln, um Nachhaltigkeit entlang der gesamten Wertschöpfungskette zu dokumentieren. Ein glaubhaftes Ökoprodukt kann nur von einem Unternehmen stammen, das Nachhaltigkeit konsequent in seinem Handeln umsetzt."

Für dieses gelebte Engagement erhielt er 2009 den B.A.U.M.-Umweltpreis in der Kategorie „Kleine und mittelständische Unternehmen".

**Deutscher Umweltpreis**

Im Jahr 2015 wurde er für seine Marken Frosch und Green Care Professional mit dem Cradle to Cradle Products Innovator Award für eine durchgängige Kreislaufwirtschaft ausgezeichnet. Green Care Professional steht nach der Darstellung des Unternehmens seit mehr als 30 Jahren für erstklassige Reinigungsleistung und ganzheitlich nachhaltige Reinigungskonzepte.

Den wichtigsten und am höchsten dotierten Preis verlieh ihm 2019 neben der Bodenwissenschaftlerin Ingrid Kögel-Knabner die Deutsche Bundesstiftung Umwelt (DBU). Das Kapital der Stiftung besteht aus dem Verkaufserlös der Salzgitter AG von rund 2,5 Mrd. DM (rund 1,3 Mrd. €). Es wurde von der Bundes-

*Abb. 59: Reinhard Schneider, Inhaber von Werner & Mertz, wurde 2019 mit dem Deutschen Umweltpreis ausgezeichnet. Er ist überzeugt: „Ohne eine funktionierende Kreislaufwirtschaft werden wir die Natur nicht schützen können". (Foto: Werner & Mertz Piel)*

republik Deutschland bereitgestellt.

Bundespräsident Frank-Walter Steinmeier würdigte die unternehmerischen Pionierleistungen Reinhard Schneiders in seiner Laudatio so:

> „Vermutlich war das Wort „Nachhaltigkeitsmanagement" in der Putz- und Reinigungsmittelbranche noch nicht bekannt, als Reinhard Schneider sich bereits diesem Ziel verschrieben hatte. Wer ihn noch nicht kennt: Dieser Mann hat sein Unternehmen, seine Produktion und seine Produkte voll auf Nachhaltigkeit getrimmt. Nachhaltigkeit bedeutet für Sie, lieber Herr Schneider: keine Palmöle, eine hohe Abbaurate der Tenside und Verpackungen aus recyceltem Plastik ...
> Sie, lieber Herr Schneider, erhalten den Umweltpreis, weil Sie als verantwortungsvoller Unternehmer gehandelt haben, bevor viele andere erst tätig wurden. Und weil Sie gezeigt haben, dass umweltbewusstes und unternehmerisches Handeln kein Widerspruch sind – Sie haben daraus Ihr Erfolgsrezept gemacht."

*Abb. 60:  Ein bewegendes Buch*

Das Preisgeld von 250.000 Euro spendete Schneider BOS Deutschland, um das Schutzgebiet Mawas – eines der größten Torfmoore Indonesiens – wiederaufzuforsten. In Mawas besteht eine bis zu 15 Meter tiefe Torfschicht, die $CO_2$ und andere Treibhausgase aus 8000 Jahren speichert. Das Schutzgebiet ist Heimat von 2600 wild lebenden Orang-Utans und weiteren 48 akut bedrohten Tierarten (darunter auch ein erst kürzlich entdeckter Frosch).

**Kampf gegen Greenwashing.**

Weil Verbraucher immer stärker bei dem Kauf von Produkten darauf achten, dass sie umwelt- und naturfreundlich hergestellt werden, wächst bei Unternehmen die Neigung, sich ein grünes Mäntelchen umzuhängen. Die Versuche des „Greenwashing" rufen regelmäßig die deutsche Umwelthilfe auf den Plan. 2021 erhielt der Energie-Konzern RWE den von der DUH verliehenen Schmähpreis „Goldener Geier" für die dreisteste Umweltlüge. Für den Preis gab es 2021 tatsächlich 2000 Nominierungen. Aber nicht nur die Deutsche Umwelthilfe achtet darauf, dass Firmen kein Greenwashing betreiben. Werner & Mertz kämpft seit Jahren für mehr Redlichkeit auf dem Markt für nachhaltige Reinigungsmittel.

Eine besonders problematische Praxis, meint Reinhard Schneider, sei die sogenannte Aufforstungs-Kompensation. Werner & Mertz schildert sie so: „Um ihre Produkte als klimaschonend bewerben zu können, errechnen Unternehmen ihren jährlichen Ausstoß an Treibhausgasen. Im Anschluss kaufen sie die passende Anzahl Klimazertifikate. Für das gezahlte Geld werden Bäume gepflanzt, die das emittierte $CO_2$ im Laufe ihres Wachstums wieder absorbieren sollen. Rein rechnerisch darf sich das Unternehmen jetzt „klimaneutral" nennen. Den eigenen $CO_2$-Ausstoß muss das Unternehmen dafür nicht um ein einziges Gramm senken."

Mit ihrer neuen Nachhaltigkeitskampagne „Circular Success" bezieht die Professional-Sparte von Werner & Mertz, Tana-Chemie GmbH, klar Position gegen diese Form des Klima-Greenwashings.

Im Kampf gegen Greenwashing von Konkurrenten war das Mainzer Familienunternehmen vor dem Landgericht Stuttgart erfolgreich. Mit dem Urteil vom 30. Dezember 2022 (Az. 53 O 169/22) untersagte das Gericht der Firma Hygreen aus Mainz, ihren Essigreiniger als vermeintlich „klimaneutral" zu bewerben. Der Essigreiniger war sowohl auf der Produktverpackung als auch auf der Unternehmenswebseite prominent mit der Aussage „klimaneutraler Essigreiniger" sowie dem Logo von ClimatePartner „Klimaneutral Produkt" beworben worden. Das Landgericht Stuttgart hat diese Werbung als irreführend und wettbewerbswidrig eingestuft.

Die einschränkungslose Werbung mit Klimaneutralität ist nach Ansicht des Gerichtes unzulässig, wenn die vermeintliche Neutralität ausschließlich durch den Kauf von $CO_2$-Zertifikaten erreicht wird. Es bedürfe vielmehr „eigener Anstrengungen des werbenden Unternehmens im Wege einer Verbesserung der Einkaufs-, Produktions- und/oder Transportprozesse". Solche Reduzierungsmaßnahmen konnte das Gericht bei Hygreen nicht erkennen.

Reinhard Schneider kommentierte das Urteil so: „Wer nur $CO_2$-Zertifikate von häufig fragwürdigen Klimaschutzprojekten kauft, ohne seinen eigenen $CO_2$-Fußabdruck maßgeblich zu reduzieren, betreibt nach unserer Auffassung Greenwashing. Dies ist nichts anderes als ein moderner Ablasshandel. Das Gerichtsurteil bestätigt das".

Neben anderen Organisationen und staatlichen Stellen setzte sich Werner & Mertz gemeinsam mit dem NABU Rheinland-Pfalz für den Erfolg des inzwischen abgeschlossenen LIFE-Projektes „ Hangmoore im Hochwald " im Hunsrück-Nationalpark ein. Das seit 2015 bestehende Projekt hatte das Ziel, diese wertvollen Feuchtgebiete zu reaktivieren, sodass sich moortypische Pflanzen und Tiere wieder ansiedeln können und die Zersetzung des Torfes gestoppt wird.

## „Frosch" schützt Frösche

Der Naturraum vor den Toren der Stadt Mainz, dem Firmensitz von Werner & Mertz, gehört zu den Hotspots der Artenvielfalt in Deutschland. Mit der Initiative „Frosch schützt Frösche" engagiert sich die Firma zusammen mit dem NABU Rheinland-Pfalz für die Lebensräume des Laubfrosches in den Rheinauen zwischen Mainz und Bingen.

Das Projekt bestand im Jahre 2023 seit 25 Jahren. Dank zahlreicher Maßnahmen wie der Anlage von Kleingewässern, der Extensivierung von Wiesen und dem

*Abb. 61: Laubfrosch in arttypischer Ruhehaltung (Foto: Felix Reimann. Wikimedia commons)*

Schutz naturnaher Auwaldbereiche konnte das Reliktvorkommen des Kletterfrosches so stabilisiert werden, dass der Laubfrosch heute zu den häufigsten Amphibien in den Rheinauen bei Bingen gehört.

Auenlandschaften gehören zu den artenreichsten Naturlebensräumen in Deutschland, binden gleichzeitig $CO_2$ und tragen auf diese Weise entscheidend zum Klimaschutz bei. Werner & Mertz beteiligt sich deshalb an gezielten Projekten des NABU zur Erweiterung und zum Schutz regionaler Augebiete. Mit Unterstützung der Firma hat der NABU einen Acker am Rande der Rheinauen bei Bingen-Gaulsheim erworben.

Hier entsteht das neue NABU-Zentrum „Rheinauen". Der größte Teil der Fläche wurde als Naturerlebnisfläche „AuenLand" weiterentwickelt und beherbergt artenreiche Kleinbiotope und mehrere Schaubiotope. Sie geben Gartenbesitzern und Firmen Ideen für eine naturnahe Gestaltung des eigenen Gartens und eines naturnahen Betriebsgeländes.

## Naturnahes Betriebsgelände

Im Zuge der Kooperation mit dem NABU hat Werner&Merz an seinem Stammsitz in Mainz und an seinem zweiten Firmenstandort im österreichischen Hallein verschiedene Maßnahmen zur Steigerung der Biodiversität auf dem eigenen Firmengelände umgesetzt. Die Umgestaltung des Halleiner Areals in einen Naturgarten führte dazu, dass schon im ersten Jahr die dreifache Zahl an Frühlingsarten von Wildbienen zu finden war als zuvor.

## Webseiten und Videos:

Werner & Mertz
https://werner-mertz.de

Lebensader Oberrhein Naturerlebnisfläche
https://lebensader-oberrhein.de/naturerlebnisflae-
che-im-briel.html

| | |
|---|---|
| | NABU zum Laubfrosch<br>`https://www.nabu-rheinauen.de/projekte/artenschutz/`<br>`    laubfrosch` |
| | Werner & Mertz Unternehmensfilm<br>`https://www.youtube.com/c/WernerMertzMainz/featured`<br>5:32 |
| | Wertewandel versus Greenwashing - Nachhaltigkeit bei Werner & Mertz<br>`https://youtu.be/Z2ST3dxWmmY` |
| | BOS stellt sich vor. orangutan.de<br>`https://youtu.be/GfTYa1sEnkU`<br>`8:26` |
| | Tierschützer im Kampf um Orang Utans<br>https://youtu.be/FHUWFWH-Gts<br>`22:56` |
| | NABU-Projekt: Frosch schützt Frösche<br>`https://youtu.be/DkxOXeSU09g` |
| | Podcast 21: Warum Greenwashing zu Vertrauensverlusten führt.<br>Timothy Glaz Leiter Corporate Affairs Werner & Mertz<br>`https://youtu.be/YtMS-6YcT_g`<br>56.48 |

*Abb. 62:* Die Nachzucht- und Auswilderungsstationen von Zoos helfen, die Art zu erhalten
(Foto: Tierpark Berlin)

# Der Feldhamster
## – Vom Schädling zum geliebten Schützling

Lange Zeit galt der europäische Feldhamster, der wilde größere Bruder des Goldhamsters, Bauern als Schädling. Er wurde bekämpft, weil er ihnen einen Teil ihrer Kornernte wegfraß und Vorräte für den Winter hamsterte. Weil sich die Anbaumethoden verändert haben und sich das Erntetempo erhöht hat, bleibt für den Hamster kaum noch etwas übrig. Er vermehrt sich weniger und stirbt aus. Deshalb ist trotz des gesetzlichen Schutzes die Zahl der Feldhamster in Deutschland in den letzten 50 Jahren stark geschrumpft. Über 95 Prozent der Feldhamsterpopulationen sind verschwunden. Einen guten Überblick mit aktuellen Informationen bieten das Internetportal „Feldhamster.de" und das Projekt „Feldhamsterland". Dies ist ein im Rahmen des Bundesprogramms „Biologische Vielfalt" gefördertes Verbundprojekt. Ziel des Projektes ist es zu zeigen, wie man den dramatischen Rückgang des Feldhamsters in fünf Projektregionen (Hessen, Niedersachsen, Rheinland-Pfalz, Sachsen-Anhalt und Thüringen) aufhalten und eine langfristige Koexistenz zwischen Feldhamster und Landwirtschaft ermöglichen kann.

Der NABU weist darauf hin, dass neben ausreichend Nahrung und Deckung für den Feldhamster vor allem die Bodenbeschaffenheit von entscheidender Bedeutung ist. Um seine weitverzweigten, bis zu zwei Meter tiefen Baue graben zu können, brauche der Feldhamster tiefgründige Böden. Optimal seien Löss- und Lehmböden mit niedrigem Grundwasserspiegel. Dieser sollte mindestens 1,2 Meter unter der Erdoberfläche liegen – sonst laufe der Bau voller Wasser.

Größere Vorkommen an Feldhamstern gebe es nur noch in der Mitte Deutschlands, nämlich in Thüringen, Sachsen-Anhalt und Niedersachsen. In West- und Süddeutschland – in Nordrhein-Westfalen, Rheinland-Pfalz, Hessen, Baden-Württemberg und Bayern – seien lediglich kleinere lokale Populationen erhalten.

Seit 2004 engagiert sich der Zoo Heidelberg für das Überleben der bedrohten Feldhamster in der Region. Auf dem Zoogelände befindet sich das Artenschutz-Zentrum „Feldhamster", das Anna in ihrer Video-Reportage für Kinder besucht hat. Die Station liegt abseits des Besucherverkehrs, weil Hamster für eine erfolgreiche Zucht viel Ruhe benötigen. Mit etwas Glück kann man aber die Hamster und ihr Verhalten im Schaugehege hinter dem Flamingo-See beobachten.

Jährlich werden von dem Heidelberger Zoo über 100 Hamster für die Wiederansiedlung in der Rhein-Neckar-Region gezüchtet. Landwirte erhalten für eine feldhamsterfreundliche Bewirtschaftung ihrer Felder Ausgleichszahlungen für den Ernteverzicht. Es werden Tunnel unter den Straßen gebaut, um die Flächen miteinander zu vernetzen. Dadurch wird der Inzucht vorgebeugt und ein Genaustausch zwischen den Tieren ermöglicht. Um den Artenschutz zu stärken, ist im Zoo-Eintrittspreis ein freiwilliger Artenschutz-Euro enthalten, der beim Ticketkauf an der Kasse gezahlt wird.

Die Zoologischen Gärten Berlin unterstützen seit langem einen großen Teil aller internationalen Erhaltungszuchtprogramme. Indem Zoos außerhalb der natürlichen Lebensräume stabile Reserve-Populationen aufbauen und Projekte zur Auswilderung sowie Wiederansiedelung unterstützen, leisten sie einen wesentlichen Beitrag zum langfristigen Erhalt bedrohter Tierarten. Dazu gehören die Haltung und Pflege der Tiere in ihren Ersatzlebensräumen: Eingebettet in internationale Netzwerke wie dem Europäischen Zooverband EAZA findet das aktive Management einer Tierart in Form von Zuchtbüchern und Ex-Situ-Programmen (außerhalb von Zoos) wie dem Europäischen Erhaltungszuchtprogramm (EEP) statt (Siehe Rainer Nahrendorf „Geier Georg auf der Flucht"). Ziel ist es - über geografische und politische Grenzen hinweg - weltweit eine möglichst große genetische Vielfalt innerhalb einer Tierart zu bewahren. Zukünftig soll der Artenschutz im Zoo und Tierpark Berlin eine noch wichtigere Rolle einnehmen. Mit der Einführung eines optionalen Artenschutzbeitrags können die Gäste mit ihrem Ticket einen direkten Beitrag für bedrohte Tiere und deren Lebensräume leisten. Für jedes Tagesticket werden 50 Cent, für jede Jahreskarte 2,50 Euro für den Artenschutz verwandt. Sämtliche Erlöse fließen zu 100 Prozent in das neu gegründete Artenschutz-Programm „Berlin World Wild" und kommen bedrohten Tierarten zugute.

Abb. 63: Für Dr. Andreas Knieriem, Direktor des Zoo- und Tierparks Berlin, und seine Mitarbeiter ist die Erhaltungszucht und Wiederansiedlung bedrohter Tierarten eine Herzensangelegenheit. (Foto: Tierpark Berlin)

Die Zoologischen Gärten Berlin unterstützen im Rahmen des Programms mehr als 35 Projekte auf der ganzen Welt. Ein Beispiel: der Bartgeier Lucky in den europäischen Alpen, die Przewalskistute Barca in der Mongolei und die Spitzmaulnashornkuh Zawadi in Tansania haben eines gemeinsam: sie sind in Berlin geboren und leben in ihren Heimatländern. Auch in der Erhaltungszucht und Wiederansiedlung der Waldrappe engagiert sich der Zoo- und Tierpark Berlin. Im Dezember 2019 traten erstmals Berliner Waldrappe den Weg in ihre über 2.800 km weit entfernte neue Heimat an. „Ein herzlicher Dank geht an das gesamte Team, welches sich – teils seit etlichen Jahren – engagiert, um bedrohten Arten eine Zukunft zu sichern. Auch wenn dies manchmal ein aufwändiger und steiniger Weg ist ", erklärte Zoo- und Tierpark-Direktor Dr. Andreas Knieriem. Eine schonende Rückführung in die Natur sei essentiell für eine erfolgreiche Auswilderung

Die Zoologischen Gärten Berlin sind nicht nur bekannt für ihr Engagement bei Okapi, Bonobo, Wisent, Gavial, Vietnamesischer Fasan, Schmalstreifenmungo und Amurtiger, auch der Erhalt des vom Aussterben bedrohten Europäischen Feldhamsters ist ihnen eine Herzenssache.

*Abb. 64:  Feldhamster-Mutter mit 14 Tage alten Kindern*
*(Foto: Wikipedia commons: https://commons.wikimedia.org/wiki/File:FH_Wurf_11korr.jpg#/*
*media/Datei:FH_Wurf_11korr.jpg))*

*Abb. 65: Die putzigen Feldhamster sind Lieblinge der Kinder (Foto: Tierpark Berlin)*

Für Kinder gehören die putzigen Kerle mit ihren kleinen Ohren, dicken Backen und Pfötchen wie Gartenschäufelchen zu den Stars der Zoos.

Der Zoo und Tierpark Berlin zählt zu den deutschen Zoos, die dem Heidelberger Beispiel gefolgt sind und ebenfalls Feldhamster-Aufzuchtstationen eingerichtet haben. Dies sind der Leipziger Zoo, der Opel-Zoo Kronberg, der Zoo und Tierpark Berlin, der Gothaer Zoo sowie der Osnabrücker Zoo.

Seit 2018 wird vom Bundesamt für Naturschutz mit Mitteln des Bundesumweltministeriums im Bundesprogramm „Biologische Vielfalt" über fünf Jahre (2018–2023) das Projekt „Feldhamsterland" gefördert. Mit einer Summe von 3,4 Millionen Euro ist es das deutschlandweit größte Projekt zur Rettung des Feldhamsters (Cricetus cricetus). Im Projekt „Feldhamsterland" arbeiten Landwirtschaft und Naturschutz in fünf Bundesländern eng zusammen. Die Deutsche Wildtier Stiftung koordiniert das Gesamtprojekt. Ein gezielter Schutz der verbliebenen Populationen ist schwierig, da in vielen Bundesländern ausreichend aktuelle Verbreitungsdaten fehlen. Thüringen, das Bundesland mit dem größten zusammenhängenden Verbreitungsgebiet des Feldhamsters in Deutschland, trägt eine hohe Verantwortung für den bundesweiten Schutz dieser streng geschützten Art. Zudem kommt in Thüringen eine seltene schwarze Farbvariante

Abb. 66:  Feldhamster auf dem Wiener Friedhof- ein schlechtes Omen?
          https://commons.wikimedia.org/wiki/File:Hamster.jpg#/media/Datei:Hamster.jpg

des Feldhamsters vor. Das Land fördert daher auch mit eigenen und EU-Geldern den Schutz des Feldhamsters.

Der Nager ist doppelt so groß wie der ursprünglich aus Syrien stammende Goldhamster. Mit einer Länge von 35 cm und einem Gewicht bis zu 650 Gramm hat er etwa die Größe eines Meerschweinchens. Die Deutsche Wildtier Stiftung nennt den Feldhamster einen „Architekten unter dem Acker", weil er in über einem Meter Tiefe ein weit verzweigtes Gang- und Höhlensystem anlegt. Darin schlafen die Feldhamster, ziehen ihre Jungen groß und lagern bis zu drei Kilogramm Nahrung für den Winter ein. Ein Feldhamsterbau besitzt mehrere Eingänge in unterschiedlichen Neigungen sowie eine oder mehrere Fallröhren, eine Wohn- und Nestkammer, mehrere Vorratskammern und einen Kotplatz. Bei seinen Erdarbeiten kann ein Feldhamster bis zu 300 Kilogramm Erde bewegen.

Von der Paarungszeit abgesehen lebt er als ein mutiger und kampfstarker Einzelgänger, wie im Video vom Klingonischen Kampfhamster zu sehen ist.

**„Feldhamsterland" hat Ende 2021 diese Zwischenbilanz gezogen:**

„Insgesamt konnten mit Unterstützung von knapp 200 engagierten Ehrenamtlichen über 3900 Hektar Fläche in den Bundesländern Niedersachsen, Sachsen-Anhalt, Hessen, Thüringen und Rheinland-Pfalz systematisch nach Feldhamsterbauen abgesucht werden. Immerhin knapp 6000 Hamsterbaue, etwa 2000 mehr als im Vorjahr, haben die ehrenamtlichen KartiererInnen für 2021 nachgewiesen.

Auf unseren Projektflächen scheinen sich die Feldhamster-Populationen langsam zu stabilisieren. Dies war und ist aber nur dank der vielen engagierten LandwirtInnen möglich. Sie setzen die Feldhamster-Schutzmaßnahmen auf ihren Feldern um und schaffen so Deckung, Nahrung und Lebensraum für den kleinen Nager. Ohne sie wären Maßnahmen wie die Ährenernte, der Ernteverzicht oder der Streifenanbau nur theoretische Konzepte. Gemeinsam sind wir im Projekt Feldhamsterland auf etwa 10 Prozent der Fläche aktiv, auf denen Feldhamster heute vorkommen sollen. Wie es in den verbleibenden 90 Prozent um den Feldhamster steht, ist ungewiss. Schätzungen nach geht in jedem Bundesland jedes Jahr eine Feldhamster-Population verloren. Ein Aussterben des Feldhamsters bis 2050 wird immer wahrscheinlicher, wie auch die Weltnaturschutzunion (IUCN) in ihrer aktuellen Roten Liste belegt.

Ob der Feldhamster in Deutschland vor dem Aussterben bewahrt werden kann, liegt am Ende in der Verantwortung der Länder. Ohne eine Änderung in der Agrarpolitik und der landwirtschaftlichen Praxis sowie einer Erhöhung der Mittel für den Natur- und Artenschutz gibt es wenig Hoffnung, denn: LandwirtInnen müssen für ihren Beitrag zum Erhalt der Artenvielfalt angemessen entschädigt werden."

Das Leben als Einzelgänger erschwert die zur Arterhaltung wichtige Aufzucht in den Zoos.

Der Zoo und Tierpark Berlin engagiert sich zusammen mit der „AG Feldhamsterschutz Niedersachsen" für den Schutz und die Wiederansiedlung des Europäischen Feldhamsters in Deutschland. In Berlin geborene Feldhamster werden später auf geeigneten Flächen ausgewildert. Schon wenige Monate nach dem Start des Berliner Projekts im Mai 2022 konnte der Tierpark den ersten Nachwuchs verkünden.

Für die Auswilderung ist es wichtig, feldhamsterfreundliche Flächen zu finden. Dies sind zum Beispiel Flächen, auf denen auf Ackerstreifen Luzerne angebaut wird. Außerdem sollten Getreidestreifen nach der Ernte stehengelassen werden, um dem Feldhamster sowohl Nahrung als auch Deckung zu bieten. Die an dem Projekt teilnehmenden Landwirte erhalten eine Entschädigung für daraus entstehende Ernteausfälle und den Mehraufwand in der Bewirtschaftung.Hauptfeinde des Feldhamsters sind Füchse, Marder, Rotmilane und Mäusebussarde.

**Fazit:** Die Bemühungen, den Feldhamster zu retten, müssen fortgesetzt und verstärkt werden. Sie lohnen sich. Die Retter müssen so mutig sein, wie die Feldhamster es sind.

**Webseiten und Videos:**

| | |
|---|---|
| | `https://www.zoo-berlin.de/de` |
| | `https://www.feldhamster.de/projekt-feldhamsterland/` |
| | Artenporträt des Bundesamtes für Naturschutz<br>`https://www.bfn.de/artenportraits/cricetus-cricetus` |
| | Jahresrückblick vom Tierpark Berlin 2022<br>`https://youtu.be/mWRKPeT4tAU`<br>4:22 |
| | Feldhamsterland – Rettung für den vom Aussterben bedrohten Feldhamster – Deutsche Wildtierstiftung YouTube<br>https://youtu.be/w9IA02SQcgU<br>5:11 |

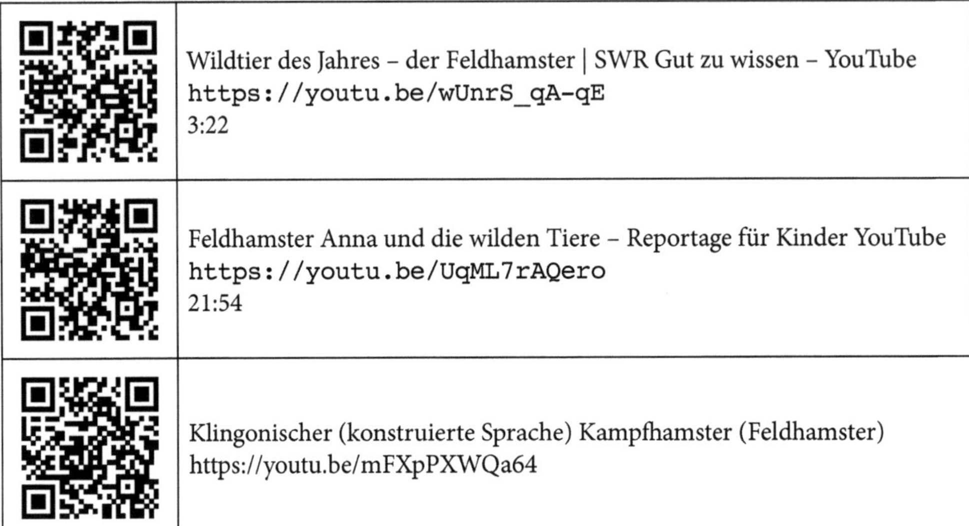

| | |
|---|---|
| | Wildtier des Jahres – der Feldhamster \| SWR Gut zu wissen – YouTube<br>`https://youtu.be/wUnrS_qA-qE`<br>3:22 |
| | Feldhamster Anna und die wilden Tiere – Reportage für Kinder YouTube<br>`https://youtu.be/UqML7rAQero`<br>21:54 |
| | Klingonischer (konstruierte Sprache) Kampfhamster (Feldhamster)<br>https://youtu.be/mFXpPXWQa64 |

# Spatzenretter – Kinder werden Artenschützer

Kennen Sie und Ihre Kinder die berühmtesten Spatzen von Berlin? Dies sind Tschippie Superspatz und seine Freundin Piaf. Eigentlich heißt seine Freundin mit ihrem Nachnamen Masulke, aber weil sie so schön tschilpen kann, hat Tschippie ihr den Namen des berühmtesten Spatzen von Paris gegeben: Édith Piaf. Dies war eine weltberühmte Chansonsängerin. Zugegeben, um so bekannt zu werden, muss der Fanclub von Tschippie und Piaf noch viel größer werden. Aber wenn Kinder Tschippies vier Videos gesehen haben, zählen sie gewiss auch bald zum Berliner Spatzenretter-Club.

Abb. 67:   Der Spatz – Lieblingsvogel von Janosch
(Quelle: Deutsche Wildtier Stiftung)

Initiiert haben das Video-Kurzfilm-Projekt die Filmemacherin Antonia Coenen und die Vogelexpertin Claudia Wegworth. Verwirklicht wurde es unter anderem zusammen mit 40 Berliner Kindern. Die Schauspieler Benno Fürmann und Friederike Kempter haben Tschippie und Piaf ihre Stimmen gegeben. Tschippie und Piaf erzählen von den großen und kleinen Sorgen der Spatzen in der Millionenstadt Berlin und davon, wie man ihnen helfen kann. Berlin gilt zwar immer noch als die deutsche Spatzenhaupstadt, aber wenn bei Sanierungsmaßnahmen, Neubauten oder dem radikalen Entfernen von Hecken und Fassadenbewuchs Nistplätze für Spatzen verloren gehen, könnte dieser Ruf schnell dahin sein. Es müssen deshalb neue Nistmöglichkeiten geschaffen und die Stadtnatur vogelfreundlich gestaltet werden. Viele Schulen haben den Notruf der Spatzen gehört, Lehrer und Schüler sind zu Spatzenrettern geworden.

Das Berliner Spatzenretter-Projekt will Spatzen nicht nur sichere Nist- und Brutplätze in den Neubauten verschaffen, die Stadtnatur, Schulgelände und Grünflächen mit Sträuchern, Büschen und samentragenden Pflanzen spatzen- und insektenfreundlich gestalten, sondern auch Grundschulklassen eine praxisnahe Naturbildung ermöglichen. Kaum ein Vogel bietet dafür so gute Möglichkeiten wie der Haussperling. So heißt der an Gebäuden wohnende Spatz korrekt.

Das Spatzenretter-Projekt ist ein Artenschutzprojekt und zugleich ein Naturbildungsprojekt. Partner des in Berlin im Jahre 2018 entstandenen Projekts waren Loupefilm, die Deutsche Wildtier Stiftung, die Digitalagentur dotfly und die Stiftung Naturschutz Berlin, gefördert wurde das Projekt in den letzten Jahren von der Deutschen Postcode Lotterie sowie der Stiftung Berliner Sparkasse. Seit 2018 wurden an mehr als 28 Berliner Grundschulen pädagogische Fachkräfte und ihre Schülerinnen und Schüler zu Spatzenpaten ausgebildet. Eine davon war die Käthe-Kollwitz-Grundschule. Das Projekt lief an dieser Schule seit 2018 in einem Wahlpflichtkurs der 6. Klassen. Im Rahmen des Kurses, berichtet Carsten Rasmus, haben wir im Jahr 2020 Nistkästen zusammengebaut, bemalt und aufgehängt. Gleichzeitig haben wir regelmäßig Pflanzen, die uns über das Berliner Spatzenretter-Projekt zur Verfügung gestellt wurden, im nahegelegenen Schulgarten gepflanzt und gepflegt.

*Abb. 68: Der berühmteste Spatz von Berlin. (Screenshot: http://www.berliner-spatzenretter.de)*

*Abb. 69:  Leider zu dicht aneinander aufgehängt. (Foto: Carsten Raue)*

Vorreiter und Vorbild für das Projekt war die Deutsche Wildtier Stiftung. Sie setzt sich seit 2007 mit der Janosch-Spatzenkiste, einer Vogelerlebniskiste, für die Spatzen ein. Ihr Ziel ist es, der Naturentfemdung von Kindern dauerhaft entgegenzuwirken. Auf den Spatzen ist sie gekommen, weil die Spatzen früher mit den meisten Menschen unter einem Dach lebten und, wenn sie beim Essen nicht aufpassten, ihnen so manchen Bissen vom Teller stibitzten. Kinder lieben Spatzen, so wie Eltern ihre Kinder lieben. Menschen, die man besonders gern hat, reden deshalb viele mit „Spatz" an. Aber Spatz ist nicht immer ein Kosewort.

*Abb. 70:  Plakette für Schulen, die sich an dem Projekt beteiligen. (Foto: Carsten Raue)*

*Abb. 71:  Begehrte Leihkiste. (Foto: http://www.berlinerspatzenretter.de)*

Welches Kind ist, wenn es vom Spielen mit verschmutzter Kleidung heimkam, nicht schon einmal „Dreckspatz" genannt worden? Das ist für Spatzen übrigens eine schlimme Verleumdung. Sie sind nämlich alles andere als Dreckspatzen, sondern säubern sich im Sand und lockerer Erde. Wer „Dreckspatz" schimpft, zeigt damit nur, wie wichtig Naturbildung ist.

Aber die Zeit, zu der Spatzen mit den meisten Menschen unter einem Dach lebten, ist in manchen Städten vorbei. Die Anzahl der Spatzen hat in Hamburg, München und Köln stark abgenommen. Ihnen fehlen durch die moderne Bauweise mit glatten und für Vögel gefährlichen gläsernen Fassaden die Nistmöglichkeiten, Hecken und Büsche, verwilderte Grünflächen mit nahrhaften Gräsern und vielen Insekten. Schottergärten oder von Mährobotern kurz geschorene Rasenflächen sind für Spatzen ein Graus. Gärten mit Pflanzen aus anderen Ländern mögen schön sein, für Spatzen sind sie nutzlos. Ihnen fehlen in manchen Städten die Lebensräume und das Futter, Körner, Samen und Beeren sowie die Insektennahrung für ihre Kinder. So kam der gesellige Singvogel in Hamburg im Jahre 2018 auf die Rote Liste gefährdeter Brutvogelarten.

Deshalb startete das Spatzenretterprojekt der Wildtier Stiftung für Grundschulen in Hamburg unter dem Titel „Der Spatz braucht Deine Hilfe". In diesem Projekt kann das Schulgelände vogelfreundlich umgestaltet werden, Kinder sollen Nistkästen bauen und im Unterricht viel über Spatzen lernen. Interessierte Lehrer und Lehrerinnen haben die Möglichkeit, sich in einer mehrstündigen Spatzenfortbildung von einer Naturpädagogin der Deutschen Wildtier Stiftung auf den Unterricht vorzubereiten. Sie können die Janosch-Spatzenkiste ausleihen und sich Unterrichtsmaterialien herunterladen.

Die Janosch-Spatzenkiste können Kitas und Schulen telefonisch unter 040 970 7869-0 oder per Mail unter „Spatz@DeutscheWildtierStiftung.de" bestellen. Die Kosten für die 6-wöchige Ausleihe betragen 25 Euro zzgl. 16,49 Euro Rückversandkosten. Zusammen mit der Janosch-Spatzenkiste erhalten Besteller eine Rechnung und einen Retourschein für den Rückversand mit der Deutschen Post. Die Deutsche Wildtier Stiftung verleiht insgesamt 23 Spatzenkisten, 9 sind Dauerleihgaben. Die Kisten wurden bis zum Frühjahr 2023 bis zu 300 Mal an Kitas und Schulen verliehen.

Die Janosch-Spatzenkiste kann für 6 Wochen ausgeliehen werden. Im Hamburger Projekt „Der Spatz braucht deine Hilfe" gibt es dazu unter anderem zwei Bausätze für Spatzennistkästen, ein Pflanzenset mit vogelfreundlichen Sträuchern, fertig zum Einpflanzen, eine Vogelfuttersäule samt Vogelfutter.

*Abb. 72: Unterrichtsmaterialien – sie können heruntergeladen werden.
(Foto: http://www.berlinerspatzenretter.de)*

Das Spatzenretter-Projekt wurde aber nicht in Berlin, sondern in Hamburg im Jahr 2013 von der Deutschen Wildtier Stiftung aus der Taufe gehoben. Der Grund: Den Spatzen fehlten nicht nur durch die moderne Bauweise Nahrung und Nistmöglichkeiten – vor allem in den Städten, sondern auch naturnahe „verwilderte" Grünflächen mit einheimischer Vegetation und Insekten. Dadurch haben die Bestände der Spatzen nach Angaben der Stiftung bereits in Großstädten wie London oder München um etwa die Hälfte abgenommen. War er in Hamburg im Jahre 2007 mit 29.000 Brutpaaren vom Status „ungefährdet" auf die Vorwarnliste gerutscht, erhielt er 2018 mit 16.000 Brutpaaren den Status „gefährdet".

Die Deutsche Wildtier Stiftung hat zusammen mit dem Neuntöter e. V. 2021 das Projekt „Spatzenretter Hamburg – Weltstadt rettet Weltvogel" ins Leben gerufen, um die letzten verbliebenen Populationen zu sichern und langfristig zu schützen. Mehr als 500 Nistkästen wurden von dem Verein bislang artgerecht angebracht. Aber es ging nicht nur darum, Brutplätze zu schaffen, sondern um die ökologische Aufwertung von Lebensräumen, den Aufbau neuer Lebensraumstrukturen und die Optimierung bestehender Restlebensraumstrukturen für den anspruchsvollen Haussperling, und zwar durch eine ganzheitliche Betrachtung. Diese umfasst unter anderem heimische Pflanzen für ein Insektenangebot, das für die Aufzucht der Jungvögel benötigt wird, dichte Büsche als geschützte Tageseinstände, offenen Boden für Sandbadestellen sowie das Erhalten oder Schaffen von Niststätten am Gebäude.

**Der Erfahrungsbericht der Hamburger Elbinselschule zeigt den Erfolg des Projektes:**

„Die Schülerinnen und Schüler der Grundschulen halten ihre Erfahrungen und Erlebnisse, die sie das Jahr über gemacht haben, in „Spatzen-Tagebüchern" fest. Sie haben vogelfreundliche Sträucher, Blumen und Bäume gepflanzt, Nisthilfen gebaut, Futterhäuser aufgestellt, Vogelfutter selbst gemacht, Vögel regelmäßig beobachtet, Vogelstimmenrätsel veranstaltet, Spatzen gemalt und gebastelt, Samentüten zusammengestellt und verschenkt, Schulgärten als grüne Klassenzimmer genutzt, sogar Pläne zur komplett naturnahen Umgestaltung des gesamten Schulgeländes geschmiedet und vieles mehr.

Teamgeist und Kooperationsbereitschaft werden gestärkt, wenn die Schulkinder gemeinschaftlich die Nisthilfen bauen, für die Fütterung der Vögel verantwortlich sind und die Pflanzen gemeinsam einpflanzen und pflegen. Neben gezieltem Unterricht auf dem vogelfreundlich gestalteten Außengelände kommen die Kinder auch in den Pausen ungezwungen und ganz nebenbei in Kontakt mit den Pflanzen und Tieren, wodurch die Naturbeziehung unbewusst verstärkt wird. Die am Projekt beteiligten Pädagoginnen und Pädagogen bestätigen dies: Bei den Kindern hat sich das Bewusstsein für die Natur vor ihrer Haustür deutlich erhöht, und sie haben ein Verantwortungsgefühl für die auf dem Schulhof lebenden Vögel entwickelt".

Für die Rettung der Spatzen reicht leider guter Wille allein nicht aus. Hinzu kommen müssen Expertise und Erfahrung. Nistkästen müssen artgerecht gebaut und angebracht werden. Der Verein Neuntöter verweist darauf, dass Haussperlinge zwar sehr gesellige Vögel seien, doch am Brutplatz benötigten sie mindestens einen halben Meter Abstand zum Nachbarn. „Die Männchen sind meist sehr rabiat am Nistplatz und dulden keine Konkurrenz in Nestnähe! Daher wird bei einem Spatzenreihenhaus in der Regel nur eine von drei Höhlen besetzt. Mit so einem Reihenhaus fördert man oft den Stress unter den Vögeln. Besser man montiert einfach mehrere einzelne Nistkästen mit Abstand".

Am besten sollten die Kästen an der wetterabgewandten Ostseite eines Gebäudes aufgehängt werden. Dort wehe es nicht in die Nisthilfen hinein und die Vögel würden nicht mittags / nachmittags „gebraten". Auch Fassaden nach Norden seien eine geeignete Stelle.

Haussperlinge benötigten auch Sitzplätze auf oder neben ihrer Höhle, von der aus sie ihr Nest bewachen und bewerben können. Außerdem sicherten sie bei jeder Fütterung ihrer Jungen erst einmal von dort aus die Umgebung ab und flögen erst dann weiter zum Nest, wenn kein Feind zu sehen sei. Zwar seien „Spatzen" im Alltag oft recht zutraulich, doch bevorzugen sie oft etwas Abstand zwischen Nest und Mensch. Zum Verstecken und für den „sozialen Austausch" seien dichte Hecken im direkten Umfeld wichtig.

*Abb. 73: Ein Sandbad gegen Parasiten. (Von Abubiju - Eigenes Werk, Gemeinfrei, https://commons. wikimedia.org/w/index.php?curid=5575102)*

Die Spatzenhygiene überrascht Menschen. Einerseits lieben sie wie Hühner Sand- bzw. Staubbäder, um sich von lästigen Parasiten zu befreien, andererseits baden sie mit ihren Artgenossen gern in den Vogeltränken gemeinsam und trinken dann das Badewasser. Deshalb sollten Tränken oder Wasserschalen regelmäßig gereinigt und das Wasser ausgetauscht werden, damit sich keine Krankheiten verbreiten. Der Zugang zu Wasser ist in den Sommermonaten für Spatzen überlebenswichtig.

*Abb. 74:   Spatzen im Spaßbad /Foto: Von Kim - Flickr, CC BY 2.0, https://commons.wikimedia.org/w/index. php?curid=1140490)*

Der Appell „Spatzen brauchen Ihre Hilfe!" richtet sich im Besonderen an Katzenfreunde. Katzen lauern nicht nur in den Wiesen vor Mauselöchern, sondern auch auf die Nestlinge, die erst einmal das Fliegen lernen muss. Katzenliebhaber sollten zumindest während der Hauptbrutzeit von April bis Juni ihre Katzen im Haus halten, um die Brut zu schützen.

## Webseiten und Videos:

| | |
|---|---|
| | `https://www.deutschewildtierstiftung.de/wildtiere/spatz` |
| | `https://www.deutschewildtierstiftung.de/naturbildung/rettet-den-spatz` |
| | `http://www.berliner-spatzenretter.de` |
| | `https://www.karl-kaus-stiftung.de/projekte/stadtnatur/artenschutz-am-gebaeude/spatzenretter-hamburg` |
| | `https://www.neuntoeter-ev.de` |
| | Berliner Spatzenretter<br>`https://youtu.be/ZiXLMFQix4A?si=B0NLKB0RI-F_-hcl` |
| | Rettet den Spatz Deutsche Wildtier Stiftung<br>`https://youtu.be/GUFLo1qZG18`<br>1:28 |

*Abb. 75:* Die Botanischen Gärten Bonns rund um das Poppelsdorfer Schloss
(Foto: *https://commons.wikimedia.org/wiki/File:Poppelsdorfer_Schloss_023-.jpg#*)

# Die Grüne Schule der Botanischen Gärten Bonn

Die ersten botanischen Gärten wurden in Deutschland zu Beginn des 17. Jahrhunderts gegründet, 1609 in Gießen und 1620 in Freiburg als Teil der medizinischen Fakultäten. Heute gibt es sie in fast jeder größeren Stadt in Deutschland, insgesamt etwa einhundert. Häufig sind sie Universitäten angegliedert und prägen mit das Stadtbild. So ist es auch in Bonn mit den zentral gelegenen Botanischen Gärten, die sich um das Poppelsdorfer Schloss gruppieren.
Das Erhalten der Biodiversität und der genetischen Ressourcen der Pflanzen gehört zu ihren wichtigsten Aufgaben. Sie sind Bewahrer der Arten, Bollwerke gegen das Artensterben. Sie vermitteln Pflanzenkenntnisse, ermöglichen in ihren Gärten, Gewächshäusern und Ausstellungen Naturerlebnisse und lassen die Besucher über Naturwunder staunen. Ein solches Naturwunder kann man in den botanischen Gärten erleben, die Titanenwurze kultivieren. Die Bonner Botanischen Gärten gehören dazu. Sie ermöglichen Besuchern, das Blühen der Titanenwurz mitzuerleben. Dann ist die Besucherschlange lang.

Die Bonner Botanischen Gärten verstehen sich als Schaufenster ihrer Universität. Über 150.000 Besucher im Jahr schauen durch dieses Fenster und gewinnen einen Eindruck von Forschung und Lehre in den Pflanzenwissenschaften. Sie können an Führungen und Veranstaltungen teilnehmen, sich an der Schönheit der Gärten erfreuen und sich erholen.

Weil der Etat der Universität Bonn zu knapp bemessen war, um Besucherwünsche zu erfüllen, wurde 1989 der Freundeskreis „Botanische Gärten der Universität Bonn e.V." gegründet. Heute hat er mehr als tausend Mitglieder und wächst weiter. Die Mitglieder des Kreises wollen Begeisterung für Pflanzen wecken, Wissen vermitteln und Zusammenhänge erkennbar machen. Der Freundeskreis unterstützt die Botanischen Gärten der Bonner Universität in ihren Aufgaben. Dies sind die Gärten am Poppelsdorfer Schloss, der Nutzpflanzengarten am Katzenburgweg und der noch nicht öffentliche Melbgarten auf dem Venusberg. Er fördert den Ausbau der Gärten finanziell und ideell, ergänzt den Pflanzenbestand für Lehr- und Forschungszwecke, führt Jung und Alt an die Pflanzenwelt heran und bringt die botanischen Gärten stärker in das Bewusstsein der Öffentlichkeit.

*Abb. 76:* *Diese Weltrekordblüte der Titanenwurz erreichte im Mai 2003 im Botanischen Garten Bonn eine Höhe von 306 cm.(Foto © Wikimedia Commons, W. Barthlott)*

Abb. 77:　Frau Dr. Maria Hohn-Berghorn ist Präsidentin des Freundeskreises Botanische Gärten der Universität Bonn e.V. (Foto: privat)

Seit mehr als zwanzig Jahren bietet die Grüne Schule im Auftrag des Freundeskreises Führungen durch den Schlossgarten und den Nutzpflanzengarten an. Im Laufe der Jahre wurde das Programm immer vielfältiger. Zu den allgemeinen Sonntagsführungen um 15.00 Uhr kamen regelmäßige Themenführungen sowie Familienworkshops und Taschenlampenführungen. Naturbildung für alle ist eines der wichtigsten Ziele des Freundeskreises.

Frau Dr. Hohn-Berghorn: „Dank der Universitätsstiftung, der Evonik-Stiftung und anderer Partner konnte 2022 endlich die ‚Grüne Lernwerkstatt' eingeweiht werden, ein lang gehegtes Desiderat des Freundeskreises.

Seitdem können Kinder die Pflanzenvielfalt spielerisch entdecken. Sie sollen einfach Lust darauf bekommen, sich mit Pflanzen zu beschäftigen. Jedes einzelne Kind, das einmal die Wunder der Pflanzenwelt betrachten und emotional erleben konnte, wird dies in seinem Leben nie vergessen, auch wenn es kein MINT-Fach studiert. Aber wir hoffen natürlich, dass die Grüne Schule dem einen oder anderem Kind den Weg zu einem naturwissenschaftlichen Studium eröffnet."

Die Grüne Schule hat mit einem Führunsservice begonnen. Sie ist ein außerschulischer Lernort, der die nordrhein-westfälischen Lehrpläne ergänzt. An diesem Lernort kann das in Schulen Gelernte mit praktischen Erfahrungen erweitert werden. Die Grüne Schule wird jedoch schon vor der Einschulung aktiv. Sie bietet Führungen und Workshops für Kinder ab drei Jahren an. Die Teilnahmekosten sind für diese sehr junge Altersgruppe reduziert. Die Angebote legen schon für die Kleinsten, die grünen Däumlinge, den Schwerpunkt auf das individuelle Entdecken und Erleben. Führungen für Kitas richten sich nach den Wünschen der

Einrichtungen. Als Themen werden vorgeschlagen: Pflanzenweltreise, Regenwald, Wüste, fleischfressende Pflanzen und Bestäubung.

Für Kinder, die bereits die Schule besuchen, gibt es Schulklassenworkshops und Führungen sowie private Programme für die Erst- bis Drittklässler und für Schüler der vierten bis sechsten Klasse. Die Teilnehmerzahl ist jeweils auf neun Kinder begrenzt. Hinzu kommen Kurse für erfahrene Schüler, die schon länger die Grüne Schule besucht haben.

Die Programme werden in der 2022 errichteten Grünen Lernwerkstatt durchgeführt. Sie sind schnell ausgebucht. Die Kinder erleben, wie spannend Natur ist, eine Mischung aus Spielen, Experimenten, kreativen Angeboten, Rätseln und Exkursionen in die Gärten sowie in die Gewächshäuser. Schaut man ihnen zu, erlebt man begeisterte und wissbegierige Kinder. Häufig stammen sie aus Familien mit eigenen Gärten und Gewächshäusern, bringen bereits Vorwissen und Erfahrungen mit.

Die Workshops der Grünen Schule legen ihren Schwerpunkt auf das individuelle Entdecken und Erleben von Naturphänomenen. Die Kinder und Jugendlichen werden zu eigenständigem Forschen angeregt und erhalten praktische Einblicke in die Arbeit von Gärtnern oder Biologen.

Kinder von sieben bis zwölf Jahren können in den Schulferien an Programmen teilnehmen. Die Zahl ist auf 15 Kinder pro Guppe begrenzt. Sie erwartet eine bunte Mischung aus Spielen, Experimenten, Rätseln, kreativen Angeboten und Einblicken in die Arbeit von Biologen und Gärtnern. Auch gibt es spannende Exkursionen in die Gärten und in die Gewächshäuser. Sie nehmen Pflanzen unter die Lupe und lernen sie von der Blüte bis zur Wurzel kennen. Eltern, die keinen Termin verpassen wollen, können einen Newsletter beziehen.

Die Grüne Schule des Mainzer Botanischen Gartens und des Frankfurter Palmengartens haben ähnliche Aufgaben wie die Bonner Grüne Schule, aber sie unterscheiden sich ein wenig im Aufbau und in den Angeboten. In Zusammenarbeit mit der Fachdidaktik im Fachbereich Biologie können die Lehramtstudierenden durch die Grüne Schule Mainz bereits früh Erfahrungen mit Schulklassen sam-

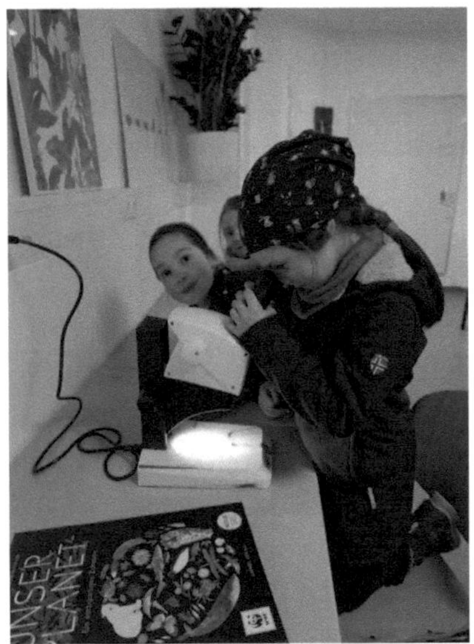

Abb. 78:  *Neugierige kleine Naturforscher am Mikroskop*

Abb. 79:  *Begeisterte Grüne Daumen aus der Kindergruppe der Grünen Schule zum Forschen, Experimentieren, Naturerleben und Werkeln. Die Kinder können unter Anleitung auch einmal selbst ein Skalpell in die Hand nehmen und durch ein Mikroskop schauen.*

meln. Aber auch Fortbildungskurse für Lehrerinnen und Lehrer werden von der Grünen Schule angeboten. Damit wird die Vernetzung der Universität Mainz mit den Schulen der Region weiter ausgebaut.

Beide botanischen Gärten stellen auf ihren Portalen kurze Video-Lehrfilme bereit. Im Botanischen Garten der Uni-Mainz sind dies Filme über „Frühblüher" wie den Winterling, den Blaustern und die Primel. Die heranwachsende Smartphone-Generation laden sie zu einer interaktiven Rallye wie bei einer Schnitzeljagd oder beim Geocaching ein. Die Teilnehmer bewegen sich mit der Hilfe des Smartphones oder eines Tablets und der App „Actionbound" durch den Garten.

Im Vordergrund steht die Angepasstheit von Pflanzen an verschiedene Ökosysteme und Lebensbedingungen (z.B. Wasser, Wüste und Feuer). Sowohl in den Gewächshäusern als auch im Freiland des botanischen Gartens lösen die Teilnehmer knifflige Quizfragen unter Aktivierung verschiedener Sinne (Tasten, Riechen, Beobachten). Dieses Angebot ist besonders für Schüler/innen der 5. Klasse als Einstieg bzw. Ergänzung zum Themenfeld Pflanzen, Tiere, Lebensräume geeignet.

Notwendig ist das Herunterladen der kostenlosen App „Actionbound" im Playstore oder Applestore. Empfohlen wird, dies bereits zu Hause mit einem WLAN-Anschluss zu erledigen. Interessenten sollten in der App zunächst die Hilfe lesen. Dort steht, wie alles funktioniert. Für das Starten der Rallye vor Ort ist mobiles Internet zum Laden der Inhalte erforderlich. Am Startpunkt der Rallye (Treffpunkt Führungen im Eingangsbereich des Botanischen Gartens) sucht man über die App den Bound „Fühlparcours" und startet ihn. Schon kann es losgehen.

In den Sommerferien können Einzelpersonen die Rallye zu den Öffnungszeiten mit eigenem Smartphone oder Tablet ohne Voranmeldung durchführen.

Welche Angebote durch die neue künstliche Intelligenz ChatGPT entstehen, war 2023 noch nicht vorauszusehen. Die Einladung, das Konversations-Ki-Modell zu testen, werden nicht nur Erwachsene nutzen. Auch Kinder werden mit ihrer Wissbegier ChatGPT ausprobieren, statt Multiple-Choice-Antworten wie bei der Rallye anzuklicken. Eines wird aber die weiter voranschreitende Digitalisierung nicht ersetzen können: das Lernen mit allen Sinnen durch authentische Naturerlebnisse.

**Webseiten:**

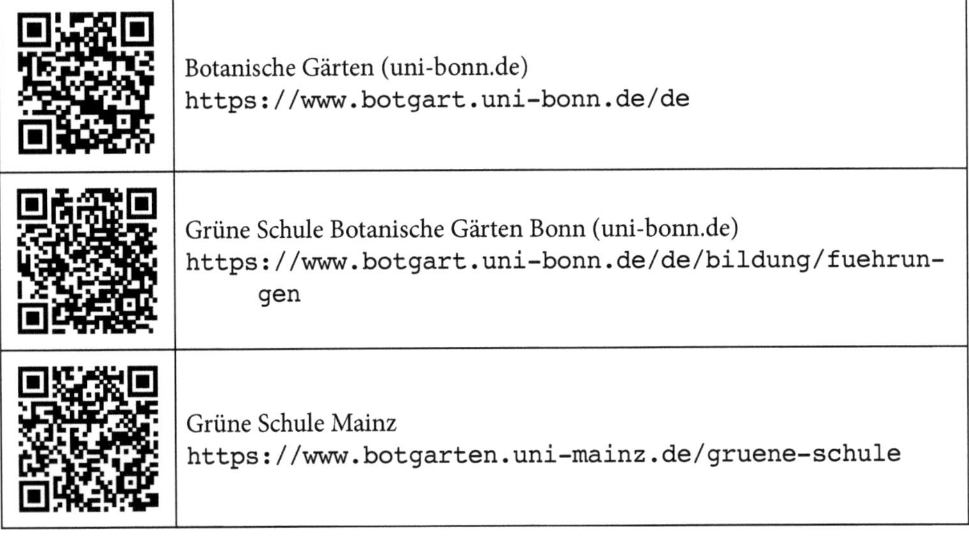

| | |
|---|---|
| | Botanische Gärten (uni-bonn.de)<br>`https://www.botgart.uni-bonn.de/de` |
| | Grüne Schule Botanische Gärten Bonn (uni-bonn.de)<br>`https://www.botgart.uni-bonn.de/de/bildung/fuehrun-`<br>`gen` |
| | Grüne Schule Mainz<br>`https://www.botgarten.uni-mainz.de/gruene-schule` |

## Videos:

| | |
|---|---|
| | Grüne Schule Köln<br>`https://www.stadt-koeln.de/artikel/05230/index.html` |
| | Grüne Schule Frankfurt<br>`https://www.palmengarten.de/de/fuehrungen-bildungs-angebote/gruene-schule.html` |
| | Die Universität Bonn (deutsche Fassung) - YouTube<br>`https://youtu.be/-1fD6fQ75h8` |
| | Bonner Titanenwurzen blühen QR-Code 2:32<br>`https://youtu.be/5vY_JsQ419k` |
| | Die grüne Lernwerkstatt braucht Ihre Hilfe 5:13<br>`https://youtu.be/yF6omEnRyS4` |
| | Grüne Schule Flora Köln QR-Code 3:33<br>`https://youtu.be/bfeAgNlWv4E` |

Abb. 80:  Um die Ohnmacht der altgermanischen Götter zu beweisen, ließ der Missionar
Bonifatius im Jahre 723 die Donar-Eiche fällen. (Foto: Donar-Eiche Bernhard
Rode - Selbst fotografiert, Gemeinfrei, https://commons.wikimedia.org/w/index.
php?curid=5780989)

# Baumpaten – Pfleger der grünen Lungen der Erde

Es hätte Peter Wohllebens Bestseller „Das geheime Leben der Bäume" nicht bedurft, um einen deutschen Baum-Mythos zu begründen. Es gab ihn schon zur Zeit der Germanen. Eichen waren dem Donnergott Donar (Thor) geweiht wie die berühmte Donar-Eiche bei Fritzlar, die Linde der Liebesgöttin Freya.

Es gab heilige Eichenwälder. Die Nazis belebten den Baumkult. Für sie waren die Deutschen die Nachkommen eines Waldvolkes. Erst mit der Christianisierung verschwanden die Baumgötzen. Aber der Wald blieb immer ein Sehnsuchtsort der Deutschen. Johann Wolfgang von Goethe war ein Baumliebhaber, wie man in der Leselaube über Baumpersönlichkeiten nachlesen kann.

Als er wieder einmal auf Reisen ging, verabschiedete er sich von seinen geliebten Bäumen:

„Lebet wohl,
  geliebte Bäume!/
  Wachset in die Himmelsluft.
  Tausend liebevolle Träume/
  schlingen sich durch euren Duft./
  Doch was steh ich und verweile?/
  Wie so schwer,
  so bang ist's mir?/
  Ja, ich gehe!
  Ja, ich eile!/
  Aber, ach!
  Mein Herz bleibt hier".

Als Heinrich Heine an Deutschland in der Nacht dachte, dichtete er
„Deutschland hat ewig Bestand,
  es ist ein kerngesundes Land,
  mit seinen Eichen, seinen Linden,
  werde ich es immer wiederfinden".

Das schönste Baumgedicht stammt von Theodor Fontane. Es heißt „Herr von Ribbeck auf Ribbeck im Havelland". Darin heißt es:

> „Aber der Alte, vorahnend schon
> und voll Misstrauen gegen den eigenen Sohn,
> der wusste genau, was damals er tat,
> als er um eine Birn ins Grab er bat,
> und im dritten Jahr aus dem stillen Haus
> ein Birnbaumsprößling sproßt heraus".

Es gibt sehr viele Waldlehrpfade in Deutschland, aber nur einen Waldkulturpfad, den Spielberger Waldkulturpfad in der Nähe von Karlsbad. Er wurde unter breiter Beteiligung der Spielberger Bürger geschaffen und ist ein künstlerischer Naturerlebnispfad.

Es gibt auf ihm fünf Stationen: Erzählplatz, Klangkreise, Adlerhorst und Rastplatz am Waldmikado. Das Pfadvideo finden Sie im Quellenblock. Noch schöner ist das Buch „Was ist ein Waldkulturpfad ? ", herausgegeben von Ingrid Ott und Anne-Bärbel Ottenschläger. Es beeindruckt Leser durch die Naturlyrik und die Gemälde von Ingrid Ott.

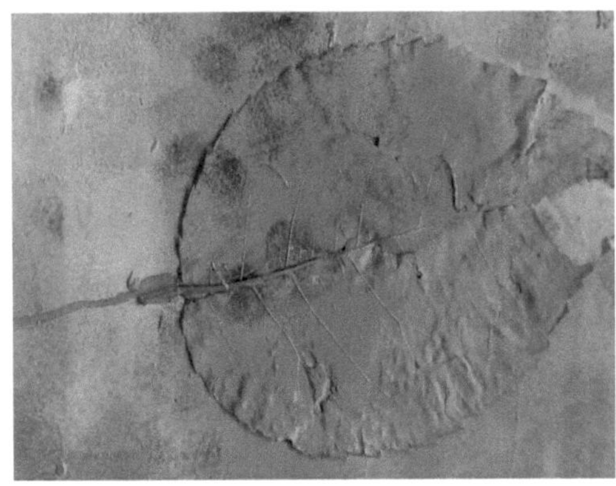

Abb. 81: Gedicht und Gemälde von Ingrid Ott aus
„Was ist ein Waldkulturpfad ?"
(ISBN 978-3-9802171-5-6)

DOCH IM MAI HAT DER WALD
MEIN LIEBLINGSGRÜN
AUFGEHÄNGT
SICH GESCHMÜCKT UM
HOCHZEIT ZU TRÄUMEN
ES WAR DIE ZEIT DA HATTE
DIE WILDROSE KNOSPEN
AM BUSCH
SO WARS IMMER
SO SOLLS AUCH BLEIBEN
MAILICHT FÄDELT
BLATT UM BLATT AN DEN BAUM
DIE MÜHE LOHNT
BEWUNDERER KOMMEN SCHON
UM HIER IHR VERLORENES
GLÜCK EINZUFANGEN

„Vom Kraftort Natur" in Heppenheim (Belgien) erzählt ein gleichnamiges Video von Eifel, Land, Leute. Auch dies finden Sie im Quellenblock.

Bäume sind in Kinder- und Volkslieder hineingepflanzt worden. Beispiele sind die Lieder: „Auf einem Baum ein Kuckuck saß" und das Lied „ Am Brunnen vor dem Tore, da steht ein Lindenbaum". Die Sängerin Alexandra hat sich 1968 mit ihrem selbst getexteten Schlager „Mein Freund, der Baum, ist tot" ein Denkmal gesetzt und die erst später aufkommende Natur-und Umweltbewegung vorweggenommen. Eine Kinderfreundschaft vergleicht das Kinderlied mit „So groß wie ein Baum", und Völkerfreundschaften werden häufig durch Baumpflanzungen im Gedächtnis der Völker verankert. So ist es geschehen, als König Charles III. am 13. April 2023 mit Bundespräsident Frank-Walter Steinmeier eine Manna-Esche zum Gedenken an die verstorbene Köngin Elisabeth im Garten von Schloss Bellevue pflanzte.

Unter den Naturpatenschaften, den Tier- und Pflanzenpatenschaften ist keine so beliebt wie eine Baumpatenschaft, die häufig mit einer Baumspende einhergeht. Vielleicht liegt es daran, dass die Menschen, je älter sie werden, über ihren Stammbaum nachdenken und an das, was sie ihren Kindern und Enkelkindern hinterlassen. Die Bestattungskultur verändert sich. Das schon von Goethe beschriebene Ziel der Bestattung einer ewigen Ruhe bleibt gleich:

"Über allen Gipfeln
  ist Ruh;
  in allen Wipfeln
  spürest du
  kaum ein Hauch;
  Die Vögelein schweigen im Walde.
  warte nur, balde
  Ruhest du auch."

Goethes Gedicht erfüllt sich zwar auch auf den zumeist von Bäumen bestandenen Friedhöfen, aber im Trend liegen Friedwälder. Am Fuß des Baumes kann die Urne mit der Asche allein oder zusammen mit der anderer Verstorbener vergraben werden. Kleine Plaketten verraten, wer hier ruht. Aber nicht nur die Bäume in über 200 deutschen Bestattungswäldern (2019) sind Bäume der Erinnerung, sondern auch viele der gespendeten Bäume in Stadt- und botanischen Gärten. Das verraten die an ihnen oder an einem Holzpfahl daneben angebrachten Plaketten.

Seit die Klimakrise ganz vorn auf der politischen Agenda steht, ist die Rettung der grünen Lungen unseres blauen Planeten Anlass zu immerwährenden Protes-

*Abb. 83: Friedhofswald*

*Abb. 82: Die alternative Bestattungsform auf Friedhofswäldern liegt im Trend*

ten gegen illegale Abholzungen. Dies gilt nicht nur für Abholzungen am Amazonas und im Kongo, sondern auch in den rumänischen Urwäldern der Karparten. Dort ist der Holzmafia noch nicht das Handwerk gelegt worden.

Für die Städte sind Bäume unverzichtbar. Sie dienen nicht nur zur Verschönerung des Stadtbildes. Sie sind die Klimaanlagen der Städte.

So weist die Stadt Düsseldorf auf den großen Nutzen von Bäumen hin: „Bäume leisten in der Stadt einen großen Dienst. Sie verschönern nicht nur das Stadtbild, sondern liefern auch Sauerstoff, spenden Schatten und binden Staub und Kohlendioxid. Jeder einzelne Baum benötigt zur Erhaltung Schutz und Pflege. Die vergangenen heißen Sommer haben nachdrücklich gezeigt, wie wichtig es ist, dass sich Bürgerinnen und Bürger um die Baumscheiben kümmern. Mit der Bepflanzung und Pflege der Baumscheibe und dem zusätzlichen Wässern bei Trockenheit leisten Baumpaten aktiven Umweltschutz und sorgen für ein angenehmes und freundliches Klima in der Stadt, in der Straße, in der Nachbarschaft.

Unternehmen können sich darüber hinaus durch finanzielle Zuwendung engagieren.

Mit kostenfreien Schildern können Baumpaten und Baumpatinnen „ihre" Bäume kennzeichnen. Diese Schilder sind gleichzeitig ein Signal an das Gartenamt, denn das Gartenamt und beauftragte Firmen kümmern sich in Düsseldorf um das Grün am Straßenrand, die Bäume und die Baumscheiben. Dazu gehört auch der Rückschnitt des Bewuchses der Baumscheiben zweimal im Jahr … Die Baumscheibe sollte möglichst gut gepflegt sein und das Steckschild „ Mein Baumpate pflegt mich" tragen. Wer Lust hat, bepflanzt die Baumscheibe mit insektenfreundlichem Wildblumensamen, zum Beispiel der Düsseldorfer Mischung oder robusten Stauden und Gräsern. Pflanztipps gibt es beim Gartenamt".

*Abb. 84: Aus dem Neusser Stadtpark*

In Düsseldorf gab es im Jahr 2023 67289 Straßenbäume verschiedener Arten. Nun gibt es schon wieder einige mehr.

Als Christina Priegnitz 50 Jahre alt wurde, tat sie, was viele Menschen zu runden Geburtstagen tun. Sie spendete die erhaltenen Geldgeschenke, um Gutes zu tun, der Düsseldorfer Initiative gegen Wohnungslosigkeit „Housing first" und für einen Baum. Ihre Begründung: „Menschen sollten Wurzeln schlagen dürfen und Bäume sollten es auch." Seitdem ist sie Baumpatin.

Zusätzlich zu einer Patenschaft können Bürger und Unternehmen in Düsseldorf und in Neuss ihre Stadt mit einer Baumspende unterstützen. Die Städte versprechen, wenn es möglich ist, einen Wunschstandort zu berücksichtigen. Für eine Baumspende gibt es natürlich eine Spendenbestätigung. In Neuss kann man sich mit einer Spende von 500 Euro seinen persönlichen Baum sichern. Die Stadt setzt ein Widmungsschild auf einen Naturholzpfahl direkt neben den Baum.

Abb. 85:  Christina Priegnitz ist eine Düsseldorfer Baumpatin

## Webseiten und Videos:

| | |
|---|---|
| | Leselaube Bäume<br>https://www.garten-literatur.de |
| | So groß wie ein Baum<br>https://youtu.be/2k4tbo1n2c4 |
| | Alexandra - Mein Freund der Baum 1968 - YouTube<br>https://youtu.be/wUhdTbTEjK8<br>3:05 |
| | Wie funktioniert ein Baum NABU<br>https://youtu.be/eR5q0jsQMYc<br>2:30 |
| | Geheimnisvolle Welt der Bäume - Urahnen der Natur \| Das mystische Holz des Lebens \| Doku 2018 HD - YouTube<br>https://youtu.be/2ViQ6BMcpI0<br>38:30 |
| | Forscher entdecken etwas Unglaubliches bei Bäumen und Pflanzen<br>https://youtu.be/moWb0_Sgyjk<br>11:08 |
| | Birnengarten Ribbeck-Baumpaten Gebrüder Eggert<br>https://youtu.be/6Arz4LP9eJs<br>1:51 |

| | |
|---|---|
| | Baumpatenprojekt mit der Edith-Stein-Grundschule Gütersloh<br>`https://youtu.be/4JpibWc7PfE`<br>`3:18` |
| | Die Kraft der Natur-Kreativer Naturlehrpfad in Heppenbach Belgien<br>`https://youtu.be/6NQD4k8yLHw`<br>`3:49` |
| | Waldkulturpfad Spielberg<br>`https://youtu.be/B5_xWXA6YOM`<br>`6:45` |

# Mit Wiedehopfen und Weinschorle auf das Wohl des Wiedehopfs trinken

Abb. 86: *Vogel des Jahres in vielen Ländern - Ein Star ohne Allüren in der Vogelwelt. (Foto: Arturo Nikolai - Flickr as ABUBILLA (Upupa epops).*

Wäre der Wiedehopf ein eitler Vogel, könnten ihm die vielen Auszeichnungen zu Kopf steigen. Die orangen Scheitelfedern mit den schwarzen Punkten würde er dann noch ein wenig steiler aufrichten, als er dies bei Erregung ohnehin macht. Er wurde in Deutschland zweimal, 1976 und 2022 bei Online-Votings Vogel des Jahres sowie 2014 in Armenien, 2015 in Ungarn und 2016 in Russland Vogel des Jahres. Ende Mai 2008 wurde er Israels Nationalvogel.

Seiner Popularität schadet es nicht, dass der Prachtvogel bei Gefahr zum Stinkvogel wird. Weibchen und Jungvögel sondern dann aus ihrer Bürzeldrüse ein übel riechendes Sekret ab. Dieser strenge Geruch liegt auch über ihrer Brutstätte. Der wärmeliebende „*Upupa epops*" – so heißt er wissenschaftlich korrekt – profitiert zwar vom Klimawandel, aber der Vogel-Punk mit dem langen Schnabel kommt nur noch in einigen Regionen Deutschlands vor, wie zum Beispiel am Kaiserstuhl in Baden-Württemberg, in Rheinhessen oder den Bergbaufolgelandschaften der Lausitz in Brandenburg und Sachsen.

Mitte der 1990er-Jahre wurden nicht einmal 300 Brutpaare gezählt. Von diesem Bestandstiefpunkt hat er sich erholt. Aber mehr als 800 bis 950 Brutpaare lebten auch 2023 noch nicht in Deutschland, weil ihm vielerorts Nahrung und Lebensräume fehlen. Er gilt deshalb in Deutschland als gefährdet (Rote Liste Kategorie drei mit aufsteigender Tendenz), in Bayern sogar als vom Aussterben bedroht. Deshalb bemühen sich Naturschutzverbände und Stiftungen, sein Lebensumfeld zu verbessern und dort, wo natürliche Nistmöglichkeiten wie in Baumhöhlen, in Holzstapeln oder Steinhaufen fehlen, durch das Anbringen von

Nistkästen Brutmöglichkeiten zu schaffen. Sie werden an Pfählen oder Bäumen befestigt, am besten in 50 bis 150 Zentimeter Höhe mit der Öffnung nach Süd-osten. Wiedehopfe jagen Beute wie Feld- und Maulwurfsgrillen, Heuschrecken und Käfer am Boden und bevorzugen niedrige Standorte.

Abb. 87:  Wiedehopfen ist ein Vollbier aus dem Barnimer Brauhaus. (Foto: Wiedehopfen GbR)

Abb. 88:  Wiedehopfen GbR. Links Tischler Richard Sasse, Mitte Philipp Juranek, rechts Bastian Enners. (Foto: Wiedehopfen GbR)

Die Liebe zu Vögeln hat vier Hobbyornithologen zu einer originellen Hilfsaktion zusammengeführt. Die Idee, geboren zunächst aus dem Wortspiel „Wiede-hopfen", hatte der Naturfotograf Levin Gräfe. Er, Lucia Zamalo, Philipp Juranek und Bastian Enners entwickelten das Wiedehopfen-Projekt. Sie wollten bei einer kleinen Bauerei ein „Wiedehopfen-Bier" brauen lassen und aus dem Verkauf des Bieres Nistkästen für den Wiedehopf finanzieren. Die Brauerei fanden sie in dem Barnimer Brauhaus aus Hohenfinow. Es braute ein würziges, unfiltriertes, fein gehopftes, untergäriges Vollbier. Die Illustratorin Lucia Zamalo zeichnete den fröhlichen Wiedehopf für das Flaschenetikett und sorgte so dafür, dass die Werbebotschaft „Trinke edles Bier und schaffe Lebensraum für den Wiedehopf" bei Bier liebenden Naturfreunden ankam.

Philipp Juranek, Filmemacher und Vogelnarr seit seiner Kindheit, kennt viele Landschaften in Brandenburg, in denen Nistkästen eine Bruthilfe für den Wiedehopf wären. Bastian Enners wusste, wie sich das gegründete, von der Mehrwertsteuer befreite Kleinunternehmen, die Wiedehopfen GbR, finanzieren ließ.

Die Sielmann-Stiftung folgte dem Beispiel der Wiedehopfen GbR und ließ mit ihren Stiftungsgeldern bei dem Tischler Richard Sasse ebenfalls Nistkästen anfertigen. Ihn hatten Juranek und seine Freunde 2022 mit dem Bau von 30 Kästen beauftragt. Die Brutkästen aus Eichenholz sind achteckig, haben ein Vordach und ein rundes Einflugsloch. Dafür waren sie in Vorkasse gegangen. 2023 haben sie wieder 30 Nistkästen anfertigen lassen. Sie hoffen, durch den Verkauf des Bieres schwarze Zahlen zu schreiben und aus dem Gewinn jeden Winter den Bau weiterer Nistkästen finanzieren zu können. Die geräumigen Niströhren werden von Juranek und im Natur-Erlebnis-Zentrum Wanninchen kostenlos an Interessenten abgegeben. Auch wenn die Sielmann-Stiftung und der NABU ebenfalls Nistkästen für den Wiedehopf anbringen, wird nach Juraneks Einschätzung in Brandenburg weiter ein Mangel an Nistmöglichkeiten bestehen. Im Norden Brandenburgs und im Berliner Raum dauere die Ausbreitung länger als im Süden des Landes. Der Vogel sei keine ausbreitungsfreudige Art. Bestellen kann man das Wiedehopfen-Bier bei den auf der Homepage angegebenen Anschriften oder im Online-Shop (https://www.wiedehopfen.org/store-2.) Eine Flasche kostete 2023 2,50 €, der Sechser-Träger 15 €, die Kiste mit 24 Flaschen 66 €. Einige Gebinde waren schnell ausverkauft, aber die Brauerei hat Nachschub versprochen. Eine erste Erfolgsmeldung gibt es aus dem Zentrum, in dem man auch den Wiedehopfen kaufen kann. Auf 12 bis 15 Brutpaare schätzt Ralf Donat, Leiter des Sielmann-Natur-Erlebniszentrums, das Vorkommen in Wanninchen, 10 davon hätten die Nisthilfen bezogen.

Der Wille zu Veränderungen und die Fähigkeit, etwas Neues zu schaffen, zählen zu den von Generation zu Generation vererbten Genen der Familie Jestädt. Deshalb ist Christoph Jestädt nach einem Lehramtsstudium in Deutsch und Theologie nicht in den Schuldienst, sondern zurück auf den elterlichen Hof gegangen. Der Hannheinehof liegt im hessischen Niederrode bei Fulda. Der Frankfurter Rundschau berichtete er, was ihn dazu bewogen hat. Er habe während seiner Promotion in Theologie den Hof in der zehnten Generation übernommen und die Direktvermarktung erheblich ausgebaut. Schon sein Vater sei ein Biobauer gewesen. Von ihm habe er erfahren, wie eng der Zusammenhang von hochwertigen Lebensmitteln und den Lebensräumen ist, in denen sie wachsen. Dieses Thema habe ihn früh begeistert. Deshalb habe er sich entschieden, den Hof zu übernehmen und neue Marken zu entwickeln, die die Verbraucher für ihre Umwelt sensibilisieren.

*Abb. 89:  Lieber Schorli ist eines von Christoph Jestädts erfolgreichsten Produkten. (Foto: C. Jestädt)*

Eigentlich sei die Direktvermarktung zur Finanzierung der Promotion gedacht gewesen. Daraus ist aber inzwischen ein Unternehmen mit Eigenmarken geworden, die nachhaltige Landwirtschaft fördern sollen. Bereits 2019 gründete Jestädt ein eigenes Start-up und vertrieb kurz nach der Gründung eine Vielfalt an nachhaltigen Produkten. So vermarktet Jestädt unter anderem den Saft der Rhöner Apfelinitiative, einem Verein zum Schutz von Streuobstwiesen, bei dem sich der Biolandwirt auch als Vorsitzender engagiert. In der Beerenobstgemeinschaft Rhön/Vogelsberg baut er gemeinsam mit anderen Landwirten Bio-Johannisbeeren und Holunder an. Daneben bewirtschaftet er eine etwa 200 Jahre alte Streuobstwiese. Sie ist seine große Leidenschaft geworden. Die Streuobstwiesen mit bis zu 5000 Tier- und Pflanzenarten seien eines der wertvollsten Biotope. In Deutschland seien aber schon über 80 Prozent dieses Lebensraumes zerstört. Um das zu ändern, hat er sich unter anderem im Vorstand der Rhöner Apfelinitiative engagiert. Er baute eine Großhandelsplattform auf, die regionale und nachhaltige Produkte von anderen Erzeugern aus der Region vertreibt. Die Plattform unterstützt die Erzeuger bei der Vermarktung ihrer Waren. Seine Ideen und Initiativen überzeugten beim Online-Voting zur Vergabe des hessischen Gründerpreises 2020.

Abb. 90:  *Christoph Jestädt macht, was ihm Spaß macht, und das macht er richtig gut. (Foto: C. Jestädt)*

In der Kategorie „Zukunftsfähige Nachfolge" erreichte er mit seinem Leitsatz „Naturschutz durch Lebensmittel" und seiner nachhaltigen Unternehmensstrategie den zweiten Platz. Sein unternehmerisches Ziel bringt er so auf den Punkt: „Wir wollen nachhaltig handeln, das heißt, wir denken in Generationen und nicht in Quartalen."

Eines seiner erfolgreichsten Produkte ist die ökologische Weinschorle „Lieber Schorli". Jestädt bietet sie mit dem Verkaufsslogan an: „Trinken für den Wiedehopf". Sie gibt es mit fruchtigem und blumig-lieblichem Geschmack, in Rosa und Weiß. Beide Varianten bestehen zu 60 Prozent aus Wein und zu 40 Prozent aus Wasser. Der Alkoholgehalt beträgt sechs Prozent. Die Preise können von Anbieter zu Anbieter unterschiedlich sein, bei Wiesenkiez kostet eine Flasche 2,49 Euro plus Versandgebühr. Aber „Lieber Schorli" gibt es auch in Rewe - und tegut Märkten. Pro Flasche gehen fünf Cent an den Landesbund für Vogelschutz Bayern (LBV) für Maßnahmen, die Lebensraum für den Wiedehopf schaffen.

Als Gegenleistung für das Sponsoring ist das LBV-Logo auf jeder Flasche zu finden. Die Konsumenten zahlen gern den Obolus für den Wiedehopf. Über die Verwendung der Verbraucherspenden wird jährlich mit einem Online-Voting in den sozialen Netzwerken entschieden. Für den LBV sind bis Ende März 2023 elftausend Euro zusammengekommen. Sie wurden in Nistkästen und in die Verbesserung der Lebensräume des Wiedehopfes investiert. Sein Engagement für den Wiedehopf kann man beim LBV auch durch die Übernahme einer Patenschaft zeigen. Die vielfältigen Initiativen zur Wiederansiedlung des Wiedehopfes tragen Früchte. Der NABU berichtet, rund 110 Brutpaare kehrten jedes Jahr im Frühling wieder in den Kaiserstuhl zurück und sorgten für Nachwuchs. Die Sielmann-Stiftung zieht dieses Fazit: „Heute hat der kuriose Vogel wieder Rückenwind und die Bestandszahlen nehmen zu. Das liegt vor allem am Schutz der Lebensräume, aber auch am voranschreitenden Klimawandel – denn der Wiedehopf mag warme Regionen".

**Die LBV Stiftung Bayerisches Naturerbe unterstützt LBV Projekt für Wiedehopf und Wendehals.**
Wiedehopf und Wendehals sind zwei Arten, die in Bayern vom Aussterben bedroht sind und somit auf der Roten Liste (Kat. I) geführt werden. Nach dramatischen Bestandsrückgängen in der zweiten Hälfte des 20.Jahrhunderts in ganz Deutschland scheint sich die Situation für den Wiedehopf in einzelnen Regionen der östlichen Bundesländer wieder zu verbessern.

Abb. 91: Thomas Kempf ist Vorsitzender der Stiftung Bayerisches Naturerbe. (Foto: LBV)

Obwohl vermutlich nur noch knapp ein Dutzend Brutpaare in Bayern zu Hause sind, kann man Wiedehopfe regelmäßig auf dem Frühjahrszug beobachten, was vermutlich Durchzügler gen Nordosten sind.
Zum Teil verweilen diese Tiere einzeln oder paarweise längere Zeit in Bayern und so ist ein gewisses Besiedlungspotential für neue Brutpaare durchaus vorhanden.

Bevor diese Art völlig verschwindet, möchte der LBV mit Sofortmaßnahmen das Nistplatzangebot dort verbessern, wo in den letzten Jahren
Wiedehopfe noch brüteten bzw. anwesende Paare auf Brutversuche schlie-
ßen ließen.

Auch wenn der Wendehals mit ca. 1500 Brutpaaren noch deutlich häufiger
in Bayern vorkommt, ist diese eher unbekannte Spechtart die zweite Zielart
des LBV-Projekts, weil Wiedehopf und Wendehals sehr ähnliche Lebens-
raumansprüche haben. Erste Erfahrungen zeigen auch, dass dem Wendehals
sehr einfach und effektiv durch ein passendes Nistkastenangebot geholfen
werden kann.

Maßnahmen zum Schutz von Wiedehopf und Wendehals:
Seit 2016 engagiert sich die LBV-Kreisgruppe Roth-Schwabach für den
Schutz der beiden Arten. Als Sofortmaßnahmen wurden fast 200 Nistkästen
gebaut, an geeigneten Stellen angebracht und kontrolliert. Auf diese Weise
fanden 2016 und 2017 schon 14 bzw. 16 Wendehals-Paare eine geeignete
Bruthöhle in den angebotenen Nistkästen.

Der Landkreis Roth-Schwabach eignet sich in besonderem Maße für unser
Projekt, da Wiedehopfe hier in der zweiten Hälfte des 20. Jahrhunderts in
hoher Dichte auftraten und die ehemaligen Brutplätze gut bekannt sind. Bis
in die Gegenwart fanden auch in den letzten Jahren immer wieder Brutversuche z.T. an eben diesen ehemaligen Brutplätzen statt, sofern sie noch
geeignete Lebensräume aufweisen. Die LBV Stiftung Bayerisches Naturerbe hat die Finanzierung für die Nistkästen in Höhe von ca 3.400 € übernommen.

Die konstruktive Zusammenarbeit mit den Betreibern der Sandabbaugebiete
im Landkreis ermöglichte den schnellen und effektiven Start des Projekts.
Künftig sollen auch Streuobstflächen in stärkerem Maße einbezogen und die
Aktivitäten auf andere Landkreise und Bezirke ausgedehnt werden.

## Webseiten und Videos:

| | |
|---|---|
| | Wiedehopfen GbR<br>`https://www.wiedehopfen.org/` |
| | Christoph Jestädt, Deutsch & Theologie, Biolandwirt<br>`https://www.uni-wuerzburg.de/career/perspektiven/`<br>`        alumni-portraets/alumni-portraets-single/news/`<br>`        christoph-jestaedt-deutsch-theologie-bioland-`<br>`        wirt/` |
| | `https://www.fr.de/zukunft/storys/ernaehrung/ein-`<br>`        landwirt-der-sinn-verkauft-wie-christoph-jes-`<br>`        taedt-mit-marken-wie-lieber-schorli-den-bau-`<br>`        ernhof-neu-denkt-90107244.html` |
| | `https://lieberschorli.de/` |
| | `https://www.ganz-meine-natur.bayern.de/2021/02/lie-`<br>`        ber-schorli-nachhaltige-weinschorle-aus-fran-`<br>`        ken/` |
| | `https://www.lbv.de/naturschutz/arten-schuetzen/voe-`<br>`        gel/wiedehopf/` |
| | Vogel-Punk in Bayern: Der Wiedehopf auf Durchreise - LBV - Gemeinsam Bayerns Natur schützen<br>`https://www.lbv.de/news/details/vogel-punk-in-bay-`<br>`        ern-der-wiedehopf-auf-durchreise/` |
| | Artenportrait<br>`https://www.lbv.de/ratgeber/naturwissen/artenport-`<br>`        raits/detail/wiedehopf/` |

| | |
|---|---|
| | Bayerns Natur dauerhaft schützen - Stiftung Bayerisches Naturerbe<br>`https://www.bayerisches-naturerbe.de` |
| | Hannheinehof Lebensmittel \| Preisträger Hessischer Gründerpreis 2020<br>`https://youtu.be/boFfJqeR8Oo` |
| | Wiedehopf - Vogel des Jahres 2022: Brutpaare in der Oberpfalz? \| Zwischen Spessart & Karwendel \| BR<br>`https://youtu.be/swtJNcfQKvw` |

Abb. 92:  Bienenfreundlicher Bauerngarten in der Eifel

# Der Kampf gegen das Insektensterben
# – Deutschland summt
## Mit Insektenlustgärten zu einem summenden Deutschland

Die Erleichterung der deutschen Umweltministerin Steffi Lemke war groß, als sich fast 200 Länder Ende Dezember 2022 in Montreal (COP 15) auf ein neues Naturabkommen einigten. In ihrem Pressestatement heißt es: „Der Beschluss von Montreal spannt einen Schutzschirm für unsere Lebensgrundlagen auf. Die Staatengemeinschaft hat sich dafür entschieden, das Artensterben endlich zu stoppen.

Nach langen und anstrengenden Verhandlungen ist uns eine Abschlussvereinbarung geglückt, die große Entschlossenheit ausstrahlt. Die Ziele sind klar: Mindestens 30 Prozent der weltweiten Landes- und Meeresflächen werden bis 2030 unter Schutz gestellt, die Gefährdung von Mensch und Umwelt durch Pestizide und gefährliche Chemikalien wird bis 2030 halbiert und umweltschädliche Subventionen werden im Volumen von 500 Milliarden Dollar abgebaut. Wir haben uns dazu verpflichtet, 30 Prozent der geschädigten Naturräume wiederherzustellen. Heute ist ein guter Tag für den weltweiten Natur- und Umweltschutz. Indem wir Natur schützen, schützen wir uns selbst und sichern auch für unsere Kinder eine lebenswerte Umwelt."

Außerdem sollen die Industrieländer den armen Ländern des Südens ab 2025 jährlich 20 Milliarden Euro zahlen. So sollen diese Staaten in die Lage versetzt werden, ihre Natur zu schützen und nachhaltig mit ihr umzugehen – gerade in Gebieten, die besonders artenreich sind.

Dennoch blickte der NABU (Naturschutzbund Deutschland) mit Ernüchterung auf das Ergebnis. Er bemängelte, es fehlten konkrete Vereinbarungen zur Umsetzung und messbare Ziele.

Die Ministerin reagierte auf die Kritik mit der Ankündigung: „Die sehr konkreten Zahlen zum Naturschutz, zum Subventionsabbau, zur Pestizidreduktion werden wir jetzt in der EU und in Deutschland umsetzen. So investieren wir in Deutschland mit dem Aktionsprogramm „Natürlicher Klimaschutz" vier Milliarden Euro in den Naturschutz, überarbeiten die nationale Biodiversitätsstrategie und schaffen auf EU-Ebene eine Renaturierungsrichtlinie".

Mit dem Gesetz zum Schutz der Insektenvielfalt in Deutschland hatten der Bundestag und der Bundesrat bereits zuvor Maßnahmen gegen das alarmierende Insektensterben beschlossen. Das Gesetz sieht zahlreiche Neuregelungen im Bundesnaturschutzgesetz vor. So werden unter anderem Biotope wie Streuobstwiesen als Lebensraum für Insekten besser bewahrt. Auch die beschlossene Änderung der Pflanzenschutz-Anwendungsverordnung soll Insekten schützen: Unter anderem wird dadurch der Einsatz von Glyphosat stark eingeschränkt und mit Ablauf des Jahres 2023 ganz verboten.

Insgesamt stehen 250 Millionen Euro aus der Bund-Länder-Gemeinschaftsaufgabe für Insektenschutzleistungen zur Verfügung, um gezielt eine nachhaltige Landwirtschaft zu unterstützen. Weitere Fördermöglichkeiten bestehen durch die gemeinsame EU-Agrarpolitik. Bis 2030 sollen 30 Prozent aller landwirtschaftlichen Flächen ökologisch bewirtschaftet werden.

Der NABU hatte zuvor bedauert, dass auch fünf Jahre nach der Krefelder Studie Insekten in Deutschland und der EU nicht wirksam geschützt seien. Pestizide, der Verlust von Lebensräumen und die Klimakrise setzten den Populationen massiv zu. Im Jahr 2017 hatte der Entomologische Verein Krefeld mit seiner Studie auf das dramatische Insektensterben aufmerksam gemacht und damit erstmals eine längst überfällige Diskussion über den Insektenschutz ausgelöst. Die Studie zeigte, dass über einen Zeitraum von 30 Jahren die Biomasse der Fluginsekten in Schutzgebieten um rund 75 Prozent zurückgegangen ist. Inzwischen haben zahlreiche weitere Studien diesen negativen Trend für alle Landschaftstypen bestätigt.

Haupttreiber des Insektenschwunds sind insbesondere die intensive Landwirtschaft, die Klimakrise, die Verstädterung und Flächenversiegelung sowie der hohe Einsatz von Pestiziden.

**Wenn viele kleine Menschen viele kleine Schritte tun**
Die Bürger müssen nicht auf Regelungen der EU, des Bundes- oder der Länder warten, um im Naturschutz aktiv zu werden. Sie können in den Kommunen und in ihren Gärten mit guten Beispielen vorangehen. Im rheinischen Neuss hat dies der städtische Bauverein mit naturnahen Gartenanlagen in seinen Wohnquartieren getan mit wilden Blühstreifen, Wildblumenwiesen, Totholz und „Insekteninseln". Auch eine Mitarbeiterin mit entsprechender Expertise und Erfahrung wurde eingestellt.

*Abb. 93:   Birgit Korbmacher mit ihrer Bienenlounge in einem Neusser Kleingarten*

*Abb. 94: Insekteninsel*

*Abb. 95: Blumenwiese des Neusser Bauvereins*

In einem Neusser Stadtteil, in der Reuschenberger Kleingartenanlage, gibt es ein anrührendes Beispiel der Schwestern Birgit Korbmacher und Sandra Velii. Die Schwestern haben ein Bittschild der Bienen aufgestellt, ihnen nicht die Nahrung zu stehlen. Es gibt ein exklusives Bienenbuffet und eine Cocktailbar für Bienen. Die Cocktailbar sollten die Bienen aber meiden, da sie sonst ihre Fluglizenz verlieren könnten.

Kleingärten und Bauerngärten sind im Gegensatz zu den Schottervorgärten mancher Häuser nicht nur ein Augenschmaus, sondern kleine Naturparadiese mit ihren Insektenhotels und bunt blühenden Pflanzen.
Nur sollten es die Kleingärtner mit der Ordnung nicht übertreiben. Loki Schmidt sagte einmal: „Wo es ein bisschen unordentlich ist, da wächst eher etwas Überraschendes und Zauberhaftes".
Das sieht das Bundesumweltministerium genauso: Es konstatiert, wilde Ecken im Garten, in denen sich die Natur selbst überlassen bleibe, seien Inseln der Artenvielfalt.

Wer dazu beitragen will, die Bestäuberkrise zu überwinden, kann Insekten in seinem Garten einen Rückzugsort schaffen, wenn er ihn entsprechend gestaltet und die richtigen Pflanzen auswählt. Der NABU und die Initiative „Deutschland summt!" geben auf ihren Web-Seiten Tipps, wie man die kleinen Nützlinge in den eigenen Garten locken kann.

## Deutschland summt!

Nicht nur in Neuss, in ganz Deutschland werden immer mehr Menschen für die Bienen aktiv. Dazu hat „Deutschland summt! Wir tun was für Bienen", eine Initiative der Stiftung für Mensch und Umwelt, auf besondere Art beigetragen

2011 gelang es dem Stifterpaar Dr. Corinna Hölzer und Cornelis F. Hemmer unter dem Motto „Berlin summt! Honig von prominenten Dächern der Hauptstadt", die Massenmedien für das Bienensterben zu interessieren. Die Medien berichteten gern über die Bienenstöcke auf repräsentativen Gebäuden von Politik, Kirche, Bildung, Wissenschaft und Kultur, über die bekannte Honigbiene sowie über die unbekannten bedrohten Wildbienen. Das Bienensterben alarmierte die Bevölkerung.Die Aufmerksamkeit war auf einmal da, aktiver Bienenschutz zu einem Topthema geworden.

Es wuchs ein „Deutschland summt!- Netzwerk" heran, dem etwa 35 Gemeinden, Städte und Landkreise angehören, darunter Berlin, Aschaffenburg, Langenfeld, Monheim und der Landkreis Dachau.
Das 10-köpfige Stiftungsteam fördert nicht nur die Vernetzung, sondern plant und realisiert naturnahe Flächen in Berlin, bevorzugt in Wohnquartieren. Von Trittsteinbiotopen, 20–30 Quadratmeter kleinen naturnahen „Inseln" im Abstandsgrün bis hin zu großen Hofanlagen, verwandelte das Naturgartenteam mehr als 20 Mal langweiliges Abstandsgrün in Blühoasen. Zunehmend beliebt: die rund 300 Quadratmeter großen PikoParks. Eine beachtliche Steigerung der Wildbienen- und Tagfalterarten wurde nachgewiesen.

Die Mehrzahl der Wildbienen nistet unterirdisch. Sie lieben heimische Pflanzenarten wie Wiesen-Margerite, Gewöhnlicher Natternkopf, Wilde Möhre und Färberkamille. Sie bestäuben zum Beispiel Apfelbäume und Kürbisse.

134

*Abb. 96: „Berlin summt!" erregte 2011 viel Aufmerksamkeit. Imkerin auf dem Musikinstrumentenmuseum. (Foto: Dr. Corinna Hölzer)*

*Abb. 97: Wildbienenschaugarten. (Foto: Dr. Corinna Hölzer)*

Abb. 98: *Dreiviertel aller Wildbienen, wie diese Sandbiene, nisten im Boden und nicht oberirdisch in Pflanzenstängeln oder im Wildbienenhotel. (Foto: Jürgen Sessner)*

In der Rubrik „Wildbiene des Monats" berichtet die Stiftung über die Vielfalt und Vielgestaltigkeit der heimischen Wildbienenarten. Monatlich erscheint ein neues Bienenporträt. Auch die 41 Hummelarten sind Wildbienen. Nur sieben davon kann man häufig in deutschen Gärten und Parks beobachten.

Mehr als die Hälfte der über 600 in Deutschland lebenden Wildbienenarten sind bestandsgefährdet. Sie finden kaum mehr Nistplätze, Nistmaterial und Nahrung.

Honigbienen können die Wildbienen unter Konkurrenzdruck setzen, wenn die Nahrung knapp wird.

**Dies sind die Stärken der Honigbienen gegenüber den Wildbienen:**

- Hoher Organisationsgrad durch Kundschafterinnen und Schwänzeltanz zur Mitteilung von Trachten vs. Individuen
- Massenaufkommen von 50 000 Individuen pro Volk (kommt in der Natur nicht vor)
- Rückgriff auf Futtervorräte für Schlechtwetterperioden
- Bis zu 10 km Flugradius vs. wenige hundert Meter
- Können zu trachtreichen Plätzen transportiert werden
- Haben künstlichen Bau vs. selbständige Suche nach Strukturen zum Nisten vor Ort
- Bis zu 120 – 180 kg Nektar und 30 – 60 kg Pollen pro Volk und Jahr.

Ein Kompromiss könnte so aussehen: „Wildbienen können in struktur- und blütenreichen Landschaften mit einer angemessenen Zahl an verantwortungsvoll gehaltenen Honigbienen-Völkern zurechtkommen. Bis dieser Zustand aber erreicht ist, heißt es: Wildbienen first!"

Das Bildungsangebot zu den Themen „Bestäuberinsekten" und „naturnahes Gärtnern" umfasst Seminare, Vorträge und Wanderausstellungen.

Seit dem Frühling 2023 gibt es eine Online-Lernplattform zum naturnahen Grün für Gartenbau-Profis und Landschaftsarchitekten.

Zur Inspiration für die naturnahe Gartengestaltung gibt es Schaugärten in Berlin und Frankfurt am Main.

Im Rahmen ihres Projektes „Wildbienenbuffets für Grundschulen" baute die Stiftung an 15 Berliner Grundschulen Hochbeete mit den Schülerinnen und Schülern auf. Sie wurden mit heimischen, bienenfreundlichen Stauden bepflanzt.

Mithilfe einer Infotafel, einer Wildbienennisthilfe und einem Forscherset können die Schülerinnen und Schüler die spannende Welt der Bestäuberinsekten erkunden – und zwar direkt auf dem Schulgelände!

Zur Naturbildung von Kita- und Grundschulkindern gibt es den Bienenkoffer, ähnlich der Spatzenretterkiste der Deutschen Wildtier Stiftung. Zu den Sponsoren zählen auch Breitsamer & Ulrich aus München mit seiner Marke Breitsamer Honig und der Kräuterbonbonhersteller Ricola.

Die Initiative ist vielfach ausgezeichnet worden, zum Beispiel 2014 mit dem Berliner Naturschutzpreis in der Kategorie „Institutionen und Unternehmen". Im Jahr 2023 ist eine weitere Anerkennung hinzugekommen: Dem Stifterehepaar wurde durch Bundespräsident Frank-Walter Steinmeier das Bundesverdienstkreuz verliehen.

**Webseiten und Videos:**

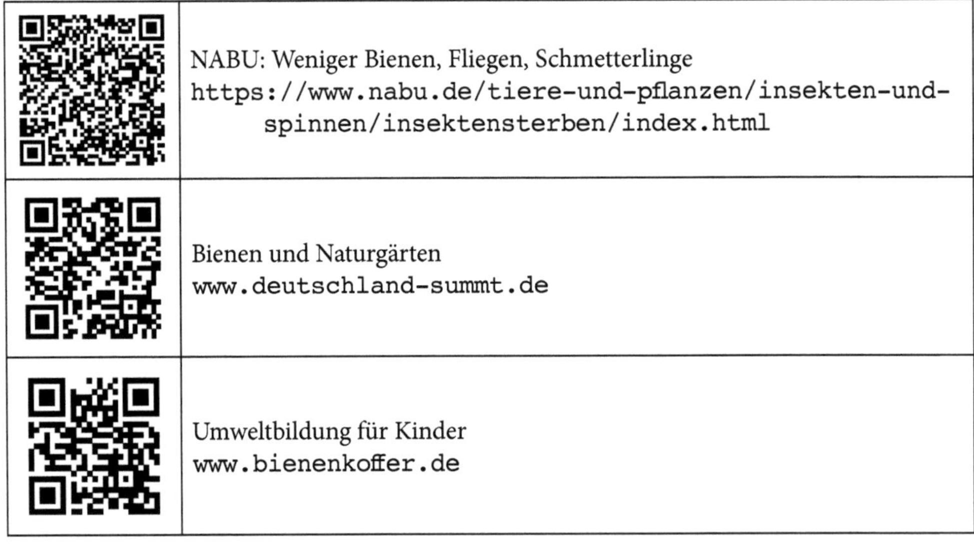

| | |
|---|---|
| | NABU: Weniger Bienen, Fliegen, Schmetterlinge<br>`https://www.nabu.de/tiere-und-pflanzen/insekten-und-spinnen/insektensterben/index.html` |
| | Bienen und Naturgärten<br>`www.deutschland-summt.de` |
| | Umweltbildung für Kinder<br>`www.bienenkoffer.de` |

| | |
|---|---|
| | Lernplattform<br>www.treffpunkt-vielfalt.de |
| | Naturgärten<br>www.stiftung-mensch-umwelt.de |
| | Bienenfreundliche Blumenkiste -Schlaraffenland für Bienen<br>https://youtu.be/c1iBpdz_r88<br>1:18 |
| | Musikvideo Mein Garten ist ein Paradies<br>https://youtu.be/HuZyrMfQVsg<br>3.59 |
| | Bundesweiter Pflanzwettbewerb „Wir tun was für Bienen!"<br>https://youtu.be/1FIol4CbSPQ<br>1:59 |
| | 3 Sat Nisthilfen für alle Wildbienen - YouTube<br>https://youtu.be/tskdD6kvPzA<br>5:08 |
| | Deutschland summt!-Song „Wir tun war für die Bienen"<br>https://youtu.be/PMZzTUKZSt8 |

*Abb. 99: Bettina Boemans und die Geier. Liebe auf den ersten Blick (Foto: Bettina Boemans).*

# Der Blog: Faszination Geier
## Von Bettina Boemans[1]

Liebe Leser, ich bin im Ruhrgebiet aufgewachsen und seit meiner Kindheit ein großer Geier-Fan. Immer wieder werde ich gefragt: Warum ausgerechnet Geier? Soweit ich mich erinnere, wollte ich schon als kleines Kind gerne stundenlang im Zoo bei den Geiern stehen bleiben und diese wunderschönen Tiere beobachten. Mit den Gänsegeiern im Duisburger Zoo fing alles an – der alte „Papageier" ist fast 10 Jahre älter als ich, ihn kenne ich mein Leben lang. Und auch heute, als Ingenieurin, treibt mich meine Faszination für Geier noch immer in die Zoos dieser Welt.

*Abb. 100: Geier haben ein eingebautes Fernglas im Auge. Sie können Kadaver aus mehreren Kilometern Höhe erkennen. (Foto: Bettina Boemans).*

---

1    Dies ist ein aktualisierter Beitrag aus dem Buch „Geier Georg auf der Flucht".

Im Tierpark Nordhorn habe ich eine Dauerpatenschaft für die dortige kleine Gänsegeier-Kolonie übernommen und sorge mit meiner Spende dafür, dass es den Geiern gutgeht. Auch versuche ich, durch verschiedene Geierschutz-Kampagnen auf meine geliebten Schützlinge aufmerksam zu machen.

So hatte ich bereits in verschiedenen Zoos Geier-Informationsstände zum Artenschutztag und zum Weltgeiertag (dieser wird immer am ersten Samstag im September gefeiert). Solche Informationsstände sind wichtig, um in Ruhe Vorurteile gegenüber Geiern zu beseitigen und durch Erfahrungsberichte und schöne Fotos die prachtvolle Erscheinung von Geiern zu zeigen.

Außerdem dienen Geier-Mal- und Bastelaktionen dazu , sich einige Minuten intensiv mit diesen wunderbaren Tieren zu befassen und sie lieben zu lernen. Unterstützt werde ich dabei seit 2017 von meinem Stoffgeier „Riesen-Gustav" der Firma TRIXIE Heimtierbedarf GmbH & Co. KG, der mir netterweise für Geierschutz-Aktionen zur Verfügung gestellt wurde. Ich mochte Stofftiere schon immer und weiß genau, welche Begeisterung sie bei Kindern auslösen können.

Abb. 101: Trixies Riesen-Gustav begeistert Kinder (Foto: Bettina Boemans).

*Abb. 102: Infostand im Duisburger Zoo. (Foto: Bettina Boemans).* →

*Abb. 103: Bettina Boemans (Foto: Bettina Boemans).* ↓

Riesen-Gustav hat mit seinen großen Kulleraugen im Nu jeden um den Schnabel gewickelt und bringt Klein und Groß zum Strahlen. Wir beide wissen genau: Unsere Kinder von heute sind die Geierschützer von morgen!

Neben meinen Aktionen in Zoos habe ich einen Geier-Vortrag für den NABU gehalten und versuche, Zeitschriften zu positiven Geierartikeln zu bewegen. Vor ein paar Jahren hatten eine damalige Bekannte und ich das Geierkinderbuch „Der kleine Geier mit der großen Angst – und den vielen wilden Freunden" herausgebracht, in dem wir auf einer Abenteuerreise die vier europäischen Geierarten vorstellten. Mittlerweile habe ich mehrere Buchprojekte mit Geierfotos oder Textbeiträgen unterstützt und konnte einige Geierartikel in Zeitschriften veröffentlichen. Darüber hinaus organisiere ich bei besonderen Anlässen, z.B. im Rahmen meines Geburtstags, gerne (Online-)Spendenaktionen für Geierprojekte.

Herzstück meiner Arbeit ist mein Geier-Blog „Faszination Geier", den ich seit Anfang 2010 schreibe. Hier berichte ich über Geier-Urlaube, Zoobesuche, Schutzprojekte, rücke negative Presse über Geier ins richtige Licht und versuche, Geiern die positive Aufmerksamkeit zu geben, die sie verdienen. Vor allem möchte ich aber das Interesse und Verständnis für Geier wecken, denn wir schützen nur, was wir lieben.

*Abb. 104: Kapgeier-Maß in der Wilhelma (Foto: Bettina Boemans).*

In meinen Augen sind Geier nicht nur nützliche Tiere, sondern ich finde sie tatsächlich wunderschön – aber das liegt wohl im Auge des Betrachters. Viele Menschen haben ja nur eine bestimmte Geierart vor Augen und wissen nicht, dass es insgesamt 23 Geierarten gibt, die sich vom Aussehen her teilweise deutlich unterscheiden. Ihr Aussehen ist zudem sehr praktisch an ihren Lebensstil angepasst: Der lange Hals bei vielen Arten dient dazu, dass sie sich mit dem Kopf sehr weit ins Aas reinwühlen können, um an die leckersten Häppchen heranzukommen. Dabei ist es wichtig, dass Kopf und Hals wie bei den Gänsegeiern kahl sind, weil sie sonst ihr Gefieder mit Innereien und Blut völlig verschmieren würden. Die Halskrause dient zusätzlich als Schlabberlätzchen, um sich das Gefieder nicht zu verkleben. Zusätzlich nehmen Geier -wann immer möglich- nach dem Fressen direkt ein Bad, um sich zu reinigen. Sie stinken also gar nicht und würden außerdem ein frisches Aas einem halb verwesten jederzeit vorziehen.

Andere Geierarten wie die Bartgeier ernähren sich vorwiegend von Knochen oder wie die Schmutzgeier von kleinen Aasfetzen, die andere Geier übriglassen. Diese Geier machen sich selten schmutzig und haben daher auch am Kopf schöne Federn. Geier beim Fressen anzuschauen, ihren majestätischen Flug am Himmel zu verfolgen oder mitzuerleben, wie liebevoll sie ihre Küken großziehen, macht mich sehr glücklich.

Richtig gepackt wurde ich letztendlich 2010, als ich zum ersten Mal als freiwillige Helferin in einem Gänsegeier-Schutzzentrum in Kroatien gearbeitet habe. Dort habe ich viel über diese liebenswerten Tiere gelernt und konnte von morgens bis abends mit Touristen oder anderen Helfern über Geier reden. Dabei habe ich bemerkt, wie ich die Leute mit meiner Begeisterung für Geier anstecken kann, auch wenn sie vorher Geier eher negativ betrachtet haben. Daraufhin habe ich mich dann nach Geierprojekten weltweit umgeschaut, um mit meiner Begeisterung mehr zu bewirken.

*Abb. 105: Kapgeier, Mutterliebe (Foto: Bettina Boemans).*

144

Seit 2012 fahre ich fast jährlich nach Südafrika zu den Kapgeiern und Weiß-rückengeiern. Ich war außerdem bei den Andenkondoren in Ecuador, den Kalifornischen Kondoren in Baja California, Mexico, sowie in den USA, habe in Nepal und Bulgarien mit Schmutzgeiern gearbeitet, in Namibia die wilden Ohrengeier-Küken beringt, bei der Auswilderung von Bartgeiern in Grand Causses, Frankreich, sowie im Hohen Tauern Nationalpark, Österreich, mitgeholfen. Ich bin immer auf der Suche nach neuen Projekten. Natürlich konnte ich mir auch die Bartgeier-Auswilderungen in Berchtesgaden nicht entgehen lassen. All diese Geier-Schutzprojekte basieren auf Spenden, sodass freiwillige Helfer immer gern gesehen werden.

*Abb. 106: Kapgeier im Anflug (Foto: Bettina Boemans).*

Aber warum sind Geier so stark bedroht, dass sie unsere Unterstützung brauchen? Da gibt es leider viele Gründe:

In der offenen Savanne, wo noch große Tierherden vorbeiziehen, gibt es für Geier mehr als genug Futter. Sie räumen also hinter den großen Raubtieren auf und verhindern in Blitzesschnelle das Ausbreiten von Krankheiten und Ungeziefer. Durch die Ausbreitung des Menschen gibt es aber in vielen Gegenden keine wilden Tierherden mehr und das Futter für Geier wird knapp. Zudem gab es durch Krankheiten wie BSE, Vogelgrippe & Co immer mehr Gesetze, die das Auslegen von Aas für Geier und Raubtiere verbieten. Zum Glück werden diese Gesetze seit Jahren überdacht, und es gibt bereits einige Länder, in denen Futterstellen für Geier – sogenannte Geierrestaurants – wieder erlaubt sind. Dadurch werden nicht nur die Geier gefüttert, sondern die teilweise sehr armen Bauern sparen sich auch die teuren Entsorgungskosten. Ein großes Problem bei der Nahrungsaufnahme ist allerdings Gift.

*Abb. 107: Futterneidische Marabus bei der Mahlzeit (Foto: Bettina Boemans).*

Zum einen legen Farmer in vielen Ländern Giftköder aus, um ihr Vieh vor Raubtieren, Wildschweinen & Co zu beschützen. Leider freut sich ein hungriger Geier über jedes Aas, das er findet, und frisst davon. Andere Geier sterben an Bleivergiftung, wenn sie erschossenes Wild und Schrotkügelchen verschlingen. Der Anblick eines noch lebenden Geiers mit Bleivergiftung ist herzzerreißend. Er verliert völlig den Gleichgewichtssinn und kippt mitten in der Bewegung auf den Rücken oder läuft im Kreis.

146

*Abb. 108: Strommasten mit ungesicherten Leitungen sind für Geier, Waldrappe und andere Vögel lebensgefährlich. (Foto: Bettina Boemans).*

Nur mit schneller Behandlung kann man ihn eventuell noch retten, aber meistens kommt jede Hilfe zu spät.

In Asien sind in den 90er Jahren bis Anfang des neuen Millenniums über 40 Millionen Geier gestorben, das sind teilweise 99,9 % des jeweiligen Artenbestandes. Es hat zu lange gedauert, bis die Menschen das Verschwinden der Geier überhaupt bemerkt haben, weil sie bis dahin kaum beachtet wurden. Auf einmal stapelten sich in den Straßen überall tote Heilige Kühe und die Anzahl an wilden Hunden und Raubtieren stieg an. Hinzu kam, dass viele wilde Hunde tollwütig waren und plötzlich immer mehr Menschen erkrankten und starben. Nach langjährigen Untersuchungen kam heraus, dass die Ursache für das massive Geiersterben das Schmerzmittel Diclofenac ist (auch in Voltaren), mit dem die Bauern ihre Heiligen Kühe am Leben halten wollten. Starb jedoch eine Kuh, von der wiederum anschließend bis zu 200 Geier fraßen, starben anschließend binnen 24 Stunden auch alle Geier an Leber- und Nierenversagen. Das Schmerzmittel wurde in Asien für Nutztiere mittlerweile verboten, wird aber dennoch weiterhin benutzt. In Europa wurde es 2014 wider besseren Wissens erlaubt, sodass man für unsere Geier das Schlimmste befürchten muss. Es ist also nicht nur wichtig, dass Geier genügend Futter bekommen, sondern das Futter muss auch „gesund" sein.

Und der neueste, abartige Trend geht dahin, dass nun auch Elfenbeinwilderer gezielt Geier ausrotten. Wird ein Elefant oder ein Nashorn getötet, so werden Parkranger durch kreisende Geier auf die toten Tiere aufmerksam. Pinseln die Wilderer die Kadaver mit Gift ein, so rotten sie dadurch mehrere hundert Geier

*Abb. 109: Warten auf die Fütterung bei VulPro (Foto: Bettina Boemans).*

auf einen Schlag aus. Teilweise schaffen die Geier es noch bis ins Nest und füttern ihre Küken mit vergiftetem Aas. Bei meist nur einem Ei pro Jahr ab einem Alter von etwa 7 Jahren ist jedes tote Küken ein riesiger Rückschlag.

Ein großes Problem, vor allem in Afrika, sind Kollisionen mit Stromleitungen oder Stromschläge. Geier rasten mit Vorliebe auf dem höchsten Punkt der Umgebung – in vielen Fällen leider auf Strommasten mit ungesicherten Leitungen. Bei einer Spannweite von gut drei Metern werden schnell zwei Leitungen gleichzeitig berührt, und der Geier ist tot. Krachen Geier im Flug in eine Stromleitung, dann stürzen sie ab und brechen sich in den meisten Fällen die Flügel. Der Geier wird sich tagelang unter Schmerzen quälen und jämmerlich verhungern oder von einem Raubtier erbeutet werden. Mittlerweile leben hunderte fluginvalide Geier in Schutzzentren, wo sie immerhin noch als Bruttiere genutzt werden können. In freier Natur hätten sie keine Überlebenschance mehr.

Andere Geier werden von Jägern abgeschossen, krachen in Windkraftanlagen oder werden auf Märkten zerstückelt und verkauft. Das Rauchen oder Tragen von Geierkörperteilen verleiht angeblich hellseherische Kräfte, so dass während der Fußball-WM 2010 in Südafrika zahllose Geier ihr Leben lassen mussten.

Mittlerweile sind von den 23 Geierarten 9 Arten vom Aussterben bedroht und sieben weitere Arten stark gefährdet. Ich möchte zu meinen Lebzeiten keine Geierart verlieren, darum handle ich. Geier sind es wert, geliebt zu werden! Bei meinen vielen Geiereinsätzen weltweit hat mich das Projekt VulPro (Vulture Conservation Programme) in Südafrika am meisten beeindruckt. Kerri, die Chefin und Gründerin des Projektes, ist nur 5 Jahre älter als ich und hat ab Mitte 20 ihr Leben dem Geierschutz gewidmet. In ihrer Auffangstation leben über 280 Geier und viele von ihnen können aufgrund ihrer Verletzungen nie wieder ausgewildert werden. Jedes Jahr kommen dutzende verletzte Geier aus dem ganzen Land hinzu, die bei ihr medizinisch versorgt und aufgepäppelt werden. Viele Geier können anschließend wieder freigelassen werden, andere müssen in den Volieren bleiben. Sie sind durch Vergiftungen zu stark geschwächt oder ihre Flügel mussten nach Kollisionen mit Stromleitungen amputiert werden. In einer riesigen Brutvoliere mit künstlicher Felsenlandschaft haben sie aber die Möglichkeit, sich zu verlieben und kleine Geierküken großzuziehen, die anschließend in die Natur entlassen werden und zum Erhalt ihrer Art beitragen können.

Konnte ich Ihr Interesse an Geiern wecken und möchten Sie erfahren, wie auch Sie diese wunderschöne Tierart unterstützen können? Dann bitte kontaktieren Sie mich!

Bettina Boemans
http://geierwelt.blogspot.com
Facebook: fascinated by vultures
Mail: bettina.boemans@gmx.de

## Webseiten und Videos:

Mein persönlicher Geierblog, den ich 2010 pünktlich zum Start meines ehrenamtlichen Geier-Engagements ins Leben gerufen habe.
`http://geierwelt.blogspot.com`

VulPro (Vulture Conservation Programme) ist die wohl größte auf Geier spezialisierte NGO Afrikas, wenn nicht sogar weltweit. Neben der Rehabilitation und dem Brutprogramm stehen Forschung und umfangreiche Aufklärungsarbeit im Fokus.
https://www.vulpro.com

Die VCF- Stiftung
`https://4vultures.org`
Die VCF (Vulture Conservation Foundation) setzt sich für den Erhalt der vier europäischen Geierarten ein. Hierzu zählt die Koordination verschiedenster Geierschutzprojekte, des Zuchtprogramms sowie der Auswilderungen in vielen Ländern Europas.

Der Bartgeierblog des LBV (Landesbund für Vogel- und Naturschutz in Bayern e.V.) berichtet spannende Details rund um die Bartgeierauswilderungen in Berchtesgarden
`https://www.lbv.de/naturschutz/arten-schuetzen/voe-`
`        gel/bartgeier/bartgeier-blog.`

VulPro Facility Tour
`https://youtu.be/2SX34ooctnE`
`00:52`

Annual health checks
`https://youtu.be/WAaJvxsK3z8`
`3:02`

„The African Vulture Crisis: Causes, Consequences, and Solutions (English version)" fasst die afrikanische Geierkrise in all ihren traurigen Details sehr gut zusammen.
`https://youtu.be/EfnnOpS_ljk`
`10:24`

# Die Auswilderung der Bartgeier in den bayrischen Alpen

Zusammen mit dem Nationalpark Berchtesgaden hat der LBV im Juni 2021 zum ersten Mal zwei junge Bartgeier ausgewildert. Insgesamt wird das Projekt voraussichtlich über zehn Jahre laufen, wobei jährlich zwei bis drei Jungvögel ausgewildert werden sollen. Über 100 Jahre nach seiner Ausrottung soll dem größten Greifvogel Mitteleuropas so auch die Rückkehr nach Deutschland ermöglicht werden. Aktuelle Meldungen findet man auf dem Bartgeier-Blog.

*Abb. 110: Wir bringen den größten Greifvogel Mitteleuropas zurück nach Deutschland. (Foto: Richard Bartz. Munich aka Makro Freak - Eigenes Werk, CC BY-SA 2.5, https://commons.wikimedia.org/w/index.php?curid=2888491)*

## Webseiten und Videos:

| | |
|---|---|
| | Auswilderung des Bartgeiers in den Bayerischen Alpen<br>`https://www.lbv.de/naturschutz/arten-schuetzen/voegel/bartgeier` |
| | LBV-Bartgeier Webcam im Nationalpark Berchtesgaden - LBV - Gemeinsam Bayerns Natur schützen<br>`https://www.lbv.de/naturschutz/arten-schuetzen/voegel/bartgeier/bartgeier-webcam/` |
| | Bartgeier-Blog<br>`https://www.lbv.de/naturschutz/arten-schuetzen/voegel/bartgeier/bartgeier-blog` |
| | BR Bartgeier : Neue Heimat für Wally und Bavaria.<br>https://youtu.be/NaJr_8yjsbY<br>12:46 |
| | Chris Kaula Der Bartgeier in Deutschland<br>`https://youtu.be/l93_Bqqgow8`<br>6:10/(:14 |
| | Faszinierende Wiederansiedlung: Mit den Bartgeiern über allen Wipfeln \| UNKRAUT \| BR - YouTube<br>`https://youtu.be/QgXOgHtfdZY`<br>4:22 |

*Abb. 111: Werner Kulling und seine 600 Bentheimer Landschafe.*

# Die vierbeinigen Landschaftspfleger –
# Der Verein Land unter

Das Frühjahr 2023 hatte so gut angefangen. Den Frühjahrsdürren der vorhergegangenen Jahre war in der Eifel ein regenreiches Frühjahr gefolgt. Selbst auf den Kalkmagerböden gab es für die immer hungrigen Schafe sättigendes Futter. Das glättete die Sorgenfalten von Werner Kulling. Der 65-jährige Wanderschäfer aus Alendorf lebt in der Eifel-Toskana in der Nähe von Blankenheim. 600 Bentheimer Landschafe zählt seine Herde. Für ihn gehören die genügsamen Tiere zur schönsten Schafrasse Deutschlands.

Sie sind von den Mitgliedern der Arbeitskreise Heimischer Orchideen hochgeschätzte Landschaftspfleger. Wenn sie nach der Orchideenblüte auf die Weiden kommen, sorgen sie dafür, dass die Flächen nicht verfilzen und verbuschen. Selbst vor jungen Schlehentrieben schrecken sie nicht zurück. Kulling lebt überwiegend von den Geldern für die Landschaftspflege. Sie machen zwei Drittel seiner Einnahmen aus.

Doch Kullings Freude währte nicht lange. Den regenreichen Monaten folgte ein knochentrockener Frühsommer. Auf den Weiden verdorrten das Gras und die Orchideen, die eigentlich immergrüne Eifel wurde zur gelben Steppe. Eine lange frühsommerliche Trockenperiode gab es auch im Emsland. Dort, in der Nähe der Stadt Meppen, züchtet der Verein Land unter e.V. die immer noch als gefährdet geltenden Bentheimer Landschafe. Der im Jahr 1996 gegründete Verein hat 120 Mitglieder. Außer der Zucht der Bentheimer waren von Beginn an dies die Vereinsziele: Schaffung, Reaktivierung und Erhaltung schutzwürdiger Kulturlandschaften im Emsland. Wenn ich nur wegen der Orchideenwiese des Vereins kommen wolle, mailte mir der Vorsitzende Tobias Böckermann, sollte ich mir meinen Besuch überlegen, denn die Orchideen drohten zu verdorren. Als ich ihn dennoch besuchte, weil ich wissen wollte, was unter den „Unter alternativen Gesichtspunkten" des Vereins Land unter e.V. zu verstehen ist, rieb ich mir die Augen.

„Orchideenzauber" kannte ich aus der Eifel. Auch in diesem Buch ist eine bezaubernde Eifel-Orchideenwiese mit mehr als eintausend blühenden kleinen Knabenkräutern der Loki Schmidt Stiftung abgebildet, aber auf der Moorheide, einer ehemaligen Hochmoorfläche des Vereins, blühte trotz einiger Trockenschäden ein Meer von Orchideenraritäten: Eine große Zahl des seltenen „Übersehenen Knabenkrautes" (*Dactylorhiza praetermissa* und der „Varietät *Dactylorhiza praetermissa var. Junialis*").

Abb. 112: Das Übersehene Knabenkraut ist stark gefährdet.

Auf der teilentwässerten und nicht wieder zu vernässenden Moorheidefläche blühte etwas tiefer ein Pulk von Sumpf-Stendelwurzen und leicht erhöht darüber das „Übersehene Knabenkraut". Klicken Sie bitte auf der von Tobias Böckermann gestalteten und gepflegten sehr schönen Homepage des Vereins die Rubrik „Unsere Schutzgebiete" und dann „Ein Moor voller Orchideen" an. Die Gesamtzahl der auf der Moorwiese blühenden Orchideen betrug 2022 mehr als 5100 Knabenkräuter und 1200 Exemplare der Echten Sumpfstendelwurz. Ein Mitglied des niedersächsischen Landesverbandes des AHO hat dieses wundervolle Orchideenbiotop besucht. Um den Naturschatz zu bewahren, hält es der Verein Land unter e.V. so wie die AHO-Arbeitskreise: Die genauen Standorte werden geheim gehalten. Andernfalls droht die Zerstörung durch diebische Ausgräber.

*Abb. 113: Ein kleiner Hang voll von „Übersehener Knabenkräuter"*

*Abb. 114: Ein dichtes Feld der Sumpf-Stendelwurz (Epipactis palustris). Auch die Sumpf-Stendelwurz ist stark gefährdet, vor allem durch Trockenlegung*

*Abb. 115: Die zwei Raritäten.*

*Abb. 116: Voll erblühte Sumpf-Stendelwurz*

Orchideenwiesen müssen gepflegt und vor einer Verbuschung bewahrt werden. Das übernehmen im Herbst 50 Bentheimer Landschafe eines mit dem Verein befreundeten Schäfers oder die vereinseigenen Schafe. Das anspruchslose und robuste Bentheimer Landschaf ist eine Rasse, die für die Landschaftspflege auf Kalkmagerrasen wie in der Eifel oder auf Sandböden und Moorheiden besonders geeignet ist. Deshalb wird es unter anderem vom Verein Land unter e.V., dem Tierpark Nordhorn und im Wildpark Schwarze Berge als bedrohte Haustierrasse gehalten und gezüchtet.

Immer in der letzten Juli-Woche eines Jahres veranstaltet der Landes-Schaf-züchterverband Weser-Ems e.V. in der Reithalle von Uelsen, einer Gemeinde in der Grafschaft Bentheim, eine Elite-Auktion für Bentheimer Landschafe. Zu-nächst werden die Schafe gekört, das heißt von sachverständigen Richtern be-gutachtet, ob sie für die Zucht geeignet sind. Dann findet die Auktion statt. Auch

Werner Kulling hat schon die Auktion besucht und Böcke für seine Herde ersteigert. Das machen Schäfer, um den Genpool ihrer Herde zu vergrößern und Inzucht zu vermeiden. Die Auktion ist der bundesweit einzige Vermarktungsweg für gezüchtete Bentheimer. Lammböcke bringen in der Regel 400 Euro, Jährlingsböcke 600 Euro.

In den 1970er Jahren lebten zeitweise nur noch 50 Bentheimer Zuchttiere. Seit Beginn der 1990 Jahre ging es wieder aufwärts. Im Jahr 2017 gab es 3558 Zuchtmutterschafe und rund 150 Böcke aus sechs Linien. Hinzu kamen 10 000 Gebrauchstiere. Das wertet Böckermann als einen entscheidenden Fortschritt, gleichwohl sei das Bentheimer Schaf immer noch in seinem Bestand gefährdet. Der Anteil an dem deutschen Schafbestand von insgesamt 1,51 Millionen im Jahr 2022 betrug weniger als 0,3 Prozent.

Die Rasse ist durch die Kreuzung deutscher und holländischer Heideschafe entstanden. Das Bentheimer Schaf und das holländische Schoonebeeker Schaf unterscheiden sich kaum. Beide sind hochbeinig und haben schwarze Zeichen um die Augen und an den Füßen. Der schmale Kopf ist länglich und ramnasig, das heißt, die Nasenpartie ist deutlich nach außen gewölbt. Die Wolle ist schlicht weiß und eigentlich zu schade, um entsorgt zu werden. Aber es gibt keinen für Züchter und Schäfer lohnenden Absatzmarkt.

Ihre geringe genetische Variabilität könnte für die Bentheimer zur Gefahr werden, wenn die EU ihr Ziel durchsetzt, auf Dauer nur noch Schafe zur Zucht

*Abb. 117: Die Border-Collie-Hündin Spy sucht die Schafe.*

*Abb. 118: Die meisten Schafe sind vor dem Besucher geflüchtet.*

*Abb. 119: Aber mit Futter lassen sich einige locken.*

zuzulassen, die gegen Scrapie resistent sind. Die Scrapie-Krankheit ist mit BSE vergleichbar. Weniger als zehn Prozent aller untersuchten Bentheimer wiesen ursprünglich die entsprechende genetische Resistenz auf. Scrapie resistente Schafe wurden fortan bevorzugt gezüchtet.

Besucht habe ich Tobias Böckermann am Versener Heidesee, einem ehemaligen Baggersee in der Nähe der A 31. Der nicht zugängliche See ist eingebettet in ein Naturschutzgebiet mit mehr als einhundert Tier-und Pflanzenarten, die auf der Roten Liste der gefährdeten Arten stehen. Hier liegen der nur selten benötigte Schafstall und die Korbimkerei des Vereins. Bitte klicken Sie auf der Homepage „Korbimkerei" und die dazu gehörige Fotogalerie an.

Das Foto, das ich von Tobias Böckermann und seinen Schafen machen wollte, bereitete unerwartete Schwierigkeiten. Die meisten der 60 Schafe des Vereins sind sofort auf und davon, als ich mich dem Weidezaun nähere. Sie kennen nur Tobias Böckermann, dessen Vorstandskollegen Günter Wester, Markus Paetzold und Carsten Marien. Vertraut sind ihnen auch die Böckermann-Töchter Maja und Nele sowie vor allem Spy, die Border-Collie-Hündin. Sie treibt die Schafe, wenn Böckermann die entsprechenden Zeichen gibt. Spy ist der Liebling der Familie und des Vereins. Sie lernen Spy näher kennen, wenn Sie das per QR-Code integrierte Video „Gestatten Hümmling" anschauen. Aber das Zusammentreiben in der Nachmittagshitze will Böckermann seinen Schafen nicht zumuten. So bleiben für das Foto nur die in einem nahen Gatter gehaltenen jungen Schafe. Eines nimmt der Vereinschef auf den Arm.

Die Tier- und Naturverbundenheit sowie der weite Weg in die Osnabrücker Zentrale seiner Zeitung waren der Grund, weshalb sich der Journalist und Buchautor von der politischen Redaktion in die Meppener Lokalredaktion versetzen ließ. Die täglichen Stunden, die er für die Versorgung und den Schutz der Schafe gegen die Bedrohungen durch den Wolf zusätzlich zu seinem Beruf aufbringen muss, sind für ihn kein Opfer. Sie sind Teil seines Lebensglücks. Wer Naturschützer fragt, was sie glücklich macht, findet in diesem Buch immer wieder die Antwort: das Leben für die Natur und das Leben in der Natur.

Der Artenschutz des Vereins ist nicht auf die Bentheimer Landschafe, die Orchideen, Arnika und andere seltene Pflanzen begrenzt. Böckermann und seine Kollegen haben am Versener Heidesee 2022 zum ersten Mal einen Wiedehopf gesehen. Der auf Großinsekten spezialisierte Vogelpunk war vor rund sieben Jahrzehnten im Emsland ausgestorben Er galt bis dahin als Kulturfolger der Schafhaltung. Wo Schafe die Vegetation auf Weiden kurz halten, lassen sich Grillen und Käfer jagen. Der Wiedehopf war auf der Suche nach einem Weibchen. Aber

*Abb. 120: Achtung Bienen! Korbimkerei mit einigen hundert Jahre alten Körben.*

es blieb aus und der Wiedehopf zog weiter. Der Verein hat ihm mit Hilfe der be-nachbarten JVA Meppen-Versen mehrere spezielle Nistkästen bauen lassen und hofft auf eine Rückkehr.

Auch einen alternativen Beitrag zur Imkerei leistet der Verein. Es ist die Traditions-Korbimkerei. Das Vorstandsmitglied Günter Wester hat sie erlernt und betreut seit 2019 den Bienenzaun mit seinen Bienenvölkern. Wenn es genug regnet und die Moorheide blüht, werden die mehrere Kilometer weit fliegenden Honigbienen ausreichend Nahrung finden. Die Vermarktung von Heidehonig bereitet im Gegensatz zur Vermarktung von Schafwolle keine Schwierigkeiten. Aber vielleicht belohnen sich die Vereinsmitglieder auch selbst mit dieser Köst-lichkeit für ihre beispielhafte Naturschutzarbeit. Verdient hätten sie es.

**Webseiten und Videos:**

Land unter e. V. - Der Verein (bentheimer-landschaf.de)
https://www.bentheimer-landschaf.de/der-verein

| | |
|---|---|
| | Tobias Böckermann – Wikipedia<br>`https://de.wikipedia.org/wiki/Tobias_Böckermann` |
| | Naturpark Moor-Veenland *grenzenlos Moor* \| Emsland<br>`https://www.emsland.com/urlaub/natur-aktiv/natur-park-bourtanger-moor-veenland/` |
| | Deutsch-Niederländisches Bienenzentrum (emsland.com)<br>https://www.naturpark-moor.eu/service/moorpforten/bienenzentrum/ |
| | Bundesinformationszentrum Landwirtschaft: Unterwegs mit dem Schäfer<br>`https://www.landwirtschaft.de/landwirtschaft-ver-stehen/wie-arbeiten-tierhalter/unterwegs-mit-dem-schaefer/` |
| | Gestatten Hümmling- Heidelandschaften im Naturpark Hümmling – Verein Land unter e.V.<br>`https://youtu.be/4sKKz-cycBw`<br>`1:16` |
| | Das Bentheimer Landschaf<br>`https://youtu.be/d2qGE0_JQco`<br>`2:19` |
| | Lammzeit bei den Großstadtschäfern<br>`https://youtu.be/eKFVxQ7iYN4`<br>`28:30` |
| | Schoonebeeker Schaapskudde & Border Collie<br>`https://youtu.be/NQI3bzy-OpQ`<br>`2:19` |

*Abb. 121: Professor Michael Succow erhielt 2015 den Deutschen Umweltpreis der Deutschen Bundesstiftung Umwelt für sein langjähriges Engagement für den Naturschutz. (Foto: A. Strauss*

„Eine Zeitenwende steht bevor. Wir müssen morgen etwas anders machen als heute. **toMOORow** will den Umgang mit Mooren ändern und wiedergutmachen, was wir den Mooren in der Vergangenheit an Schaden zugefügt haben. Ich freue mich sehr, dass dieses Projekt aus meiner langjährigen Freundschaft mit Michael Otto entstehen konnte und ein erfolgreicher Unternehmer damit entschlossen den Schulterschluss mit Naturschützern für Moor- und Klimaschutz eingeht. Moorrestauration ist eine der günstigsten Maßnahmen für natürlichen Klimaschutz und lässt sich gleichzeitig mit einer nachhaltigen Nutzung verbinden. Im nassen Moor bildet sich wieder kohlenstoffspeichernder Torf im Boden. Für die oberirdische Biomasse geht toMOORow neue Wege, um kohlenstoffneutrale Produkte, z.B. Verpackungsmaterialien, in einem für die Wirtschaft interessanten Maßstab zu entwickeln. Damit können wir dazu beitragen, dass Deutschland seine Klimaziele zum Gemeinwohl aller erreicht."
*Michael Succow*

# Die Zukunft der Erde liegt im Moor – Die Succow Stiftung
## Der lange Weg vom Klimakiller zum Klimaretter

Nasse Moore braucht das Land - nicht nur Deutschland, denn die Zukunft der Erde entscheidet sich nicht nur im Schutz der Regenwälder und der sich immer weiter erwärmenden Meere. Sie liegt auch im Moor. Weltweit sind bereits über 10 Prozent der 500 Millionen Hektar Moore entwässert. Jedes Jahr werden nach den Angaben des Mooratlasses weitere 500 000 Hektar Moor zerstört.

Der Mooratlas ist ein Kooperationsprojekt der Heinrich-Böll-Stiftung, des Bundes für Umwelt und Naturschutz sowie der Michael Succow Stiftung. Die Moorzerstörung beschleunigt das Artensterben und befeuert die Klimakrise. Sind die Moore trockengelegt, werden sie von den effektivsten Kohlenstoffspeichern zu Klimakillern. Doch das lässt sich ändern. Sie können durch eine Wiedervernässung zu Klimarettern werden. Obwohl weltweit nur 3 Prozent der Landfläche mit Mooren bedeckt ist, speichern nasse Moore etwa doppelt soviel Kohlenstoff wie alle Wälder der Erde zusammen. Weltweit gehen etwa vier Prozent der durch Menschen verursachten Treibhausgasemissionen auf das Konto entwässerter Moore.

Die Schätzungen über die Zahl und die Hektarfläche der Moore in Deutschland differieren, folgt man „Moorwissen.de" waren ursprünglich über 5 Prozent der Landfläche Deutschlands von Mooren bedeckt. Durch Eingriffe des Menschen ist diese Fläche auf aktuell 1.280.000 ha (3,6 % Flächenanteil) zurückgegangen. Die verbleibenden Flächen sind zum überwiegenden Teil (>95 %) entwässert und werden von der Landwirtschaft (72 %), der Forstwirtschaft (14 %), für Infrastruktur (7 %), Torfabbau (1,5 %) und anderweitig (1,5 %) genutzt. Nur etwa 4% der verbleibenden Moorfläche sind Naturschutzflächen.

So gut es für die Artenvielfalt ist, wenn abgetorfte Moore durch die Wiedervernässung zu Naturschutzgebieten werden, kann eine große Vermehrung von Moor-Naturschutzgebieten allein das Klima nicht retten. Dies kann nur durch eine klimafreundliche Umnutzung der landwirtschaftlichen Moorböden erfolgen. Voraussehbar ist ein zeitraubender Transformationsprozess, in dem Konflikte nicht zu vermeiden sein werden.

Die Entwässerung der Moore verursacht hohe jährliche Treibhausgasemissionen, die erst durch Wiedervernässung oder Aufzehrung des Torfkörpers gestoppt werden. Dies betrifft auch weitere organische Böden, die zusammen mit den Mooren eine Fläche von insgesamt rund 1,8 Mio. Hektar ausmachen.

Der Hauptanteil der Moorflächen in Deutschland entfällt auf die vier nördlichen Bundesländer Niedersachsen, Mecklenburg-Vorpommern Brandenburg, Schleswig-Holstein und die zwei südlichen Länder Bayern und Baden-Württenberg. Nach Angaben des niedersächsischen Landesverbandes des BUND und des Mooratlasses ist Niedersachsen das moorreichste Bundesland. Mit knapp 600.000 Hektar befindet sich hier ein Drittel aller deutschen Moore. Siebzig Prozent der niedersächsischen Moore werden landwirtschaftlich genutzt, für Ackerbau, aber vor allem als Grünland. In Niedersachsen liegen außerdem 95 Prozent der deutschen Torfabbaugebiete: Rund 6,5 Millionen Tonnen werden hier pro Jahr auf Hochmoorflächen abgegraben, die zum Beispiel zur Pflanzenanzucht im Gartenbau verwendet werden.

Das niedersächsische Landesamt für Bergbau und Energie nennt diese Zahlen: In Niedersachsen bedecken 208.000 ha (Hektar) Hochmoor und 187.000 ha Niedermoor etwa 8% der Landesfläche. Die Moore werden überwiegend als Grünland (52%), aber auch als Ackerland (12%) oder Wald (10%) genutzt. Etwa 16% befinden sich ungenutzt unter Gehölz, Heide oder Moorvegetation.

Der Torfabbau in Niedersachsen geht seit Jahrzehnten deutlich zurück. Die Abbaufläche liegt derzeit bei unter 10.000 ha und wird sich innerhalb des kommenden Jahrzehnts etwa halbieren. Die aus dem Torfabbau hervorgegangenen Renaturierungsflächen belaufen sich auf

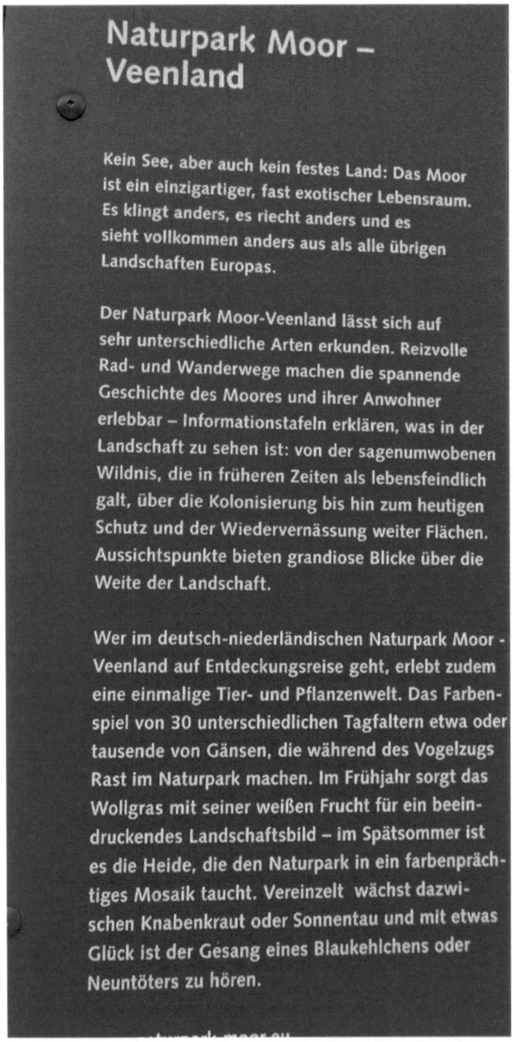

*Abb. 122: Das Naturparadies „Moor-Veenland"*

15.000 ha, mit steigender Tendenz. In der gesamten EU wurden bisher 120 000 Hektar und damit nur ein knappes Prozent aller entwässerten Moore wiedervernässt.

Eines der bekanntesten niedersächsischen Moore ist das Bourtanger Moor. Es ist Teil eines ehemals sehr viel ausgedehnteren Hochmoorgebietes im deutsch-niederländischen Grenzgebiet. Seit 1662 wurde hier mit der Moorkolonisation begonnen, in den letzten 50 Jahren wurde dann industriell Torf abgebaut, sodass heute nur noch Restflächen erhalten sind. Große Bereiche sind heute als Torfabbauflächen anzusprechen. Die Resttorfauflagen wurden mit Talsanden vermischt und so in Ackerböden umgewandelt. Gegliedert ist diese sehr ebene Landschaft durch geradlinige Entwässerungsgräben und Windschutzstreifen. Zur Ems hin wird das Gebiet durch einen Dünenstreifen begrenzt. Charakteristisch sind die Reihensiedlungen, die im Rahmen der Moorkultivierung entstanden. Die noch zu Mitte des letzten Jahrhunderts weit verbreitete Grünlandwirtschaft wurde in den letzten Jahrzehnten durch Ackerbau abgelöst.

Im Bereich des Bourtanger Moores wurden bei der Hochmoorbewertung 1994 rund 15.000 ha Hochmoorkomplex, davon ca. 5000 ha Moorfläche mit besonderer Bedeutung für den Naturschutz erfasst. Zur Zeit befinden sich noch insgesamt ca. 7000 ha in der Abtorfung bzw. ist die Abtorfung genehmigt. Größere

Abb. 123: Im Emsland-Moormuseum von Groß Hesepe ( Gemeinde Geeste ), mitten im niedersächsischen-niederländischen Naturpark Moor-Veenland, steht der schwere Dampfpflug „Mammut" der Firma Ottomeyer mit den Lokomobilen „Thüringen" und „Magdeburg"

Teile der für den Naturschutz wertvollen Flächen wurden als Naturschutzgebiet oder EU-Vogelschutzgebiet ausgewiesen.

Nach der Entwässerung mithilfe von Gräben rissen die als „Schwalben des Emslandes" bezeichneten riesigen Pflüge das Moor bis zu 2 Meter tief auf, holten den Sand aus der Tiefe und vermischten ihn mit dem Torf.

Die Großmaschinen sind zu technischen Symbolen der Moorzerstörung durch den industriellen Torfabbau geworden. Welche faszinierenden Naturräume mit seltenen Tier- und Pflanzenarten dadurch verschwanden, kann man einige Kilometer entfernt im Dalum-Wietmarscher Moor erfahren. Es ist ein Natur-und Vogelschutzgebiet, das den Rest des ehemals zusammenhängenden weiträumigen Hochmoorkomplexes des „Bourtanger Moores" schützt. Das heutige Schutzgebiet wurde in der Vergangenheit durch den Torfabbau erheblich verändert. Neben überwiegend großflächig abgetorften Bereichen gibt es teilweise bereits renaturierte Hochmoorbereiche. Wiesen- und Watvögel wie Kiebitz, Rotschenkel, Großer Brachvogel und Krickente sind hier zu Hause.

**Von der Moornutzung zum Moorschutz**

● Durch den Torfabbau schrumpfte das Bourtanger Moor auf einen Bruchteil seiner einstigen Größe zusammen. Anfang der 1980er Jahre setzte jedoch ein tiefgreifendes Umdenken ein und das niedersächsische Moorschutzprogramm trat in Kraft.

Moore wurden nun als schützenswerte Lebensräume mit einer einzigartigen Tier- und Pflanzenwelt verstanden. Für die Staatliche Moorverwaltung bedeutet dies einen Aufgabenwechsel: Statt Nutzbarmachung ist nun der Moorschutz ihre Hauptaufgabe.

Abgetorfte Flächen sollen zurück in ein lebendiges Hochmoor verwandelt werden. Im Zentrum steht dabei die Wiedervernässung. Denn um existieren zu können, benötigt Moor nährstoffarmes Regenwasser.

**Van turfwinning tot veenbescherming**

● Door de turfwinning slonk het Bourtangermoeras tot een fractie van de oorspronkelijke omvang. Vanaf eind jaren 1980 groeide het besef dat het hoogveen bescherming behoeft. Het veenbeschermingsprogramma in Nedersaksen werd van kracht.

Er kwam steeds meer oog voor het hoogveen als kwetsbare natuur en biotoop voor een unieke flora en fauna. Voor de Staatliche Moorverwaltung betekende het een verschuiving van taken: Niet het ontginnen maar het beschermen van het veen werd hun hoofdtaak.

Doel is om voormalige winningsgebieden te veranderen in levend hoogveen. Verhoging van het waterpeil is daarvoor essentieel. Hoogveen kan namelijk alleen gedijen als er voedselarm regenwater beschikbaar is.

*Abb. 124: Ein Moor wandelt sich*

*Abb. 125: Das Dalum-Wietmarscher Moor ist ein Naturparadies. In diesem Schutzgebiet kann man viele gefährdete Vogelarten sehen*

*Abb. 126: Moorfrosch*

dalum-wietmarscher moor
Zufluchtsort für bedrohte Vögel · Toevluchtsoord voor bedreigde vogels
Vogelschutz im Dalum-Wietmarscher Moor
Vogelbescherming in het Dalum-Wietmarscher Moor
Ein besonderer Lebensraum
Een bijzonder leefgebied
Wertbestimmende Arten im Dalum-Wietmarscher Moor
Waardebepalende vogels in het Dalum-Wietmarscher Moor
Auch diese Vögel sind hier zu beobachten · Ook deze vogels komen hier voor

Nasse Moore sind Naturparadiese, in denen man dem Konzert der Moorfrösche lauschen kann. Die mystische Mooratmosphäre haben Jutta Over und Uwe Westphal in ihrem Video „Moorklang und Flussgesang" auf amüsante Art eingefangen. Die Diplombiologin und ehemalige NABU-Gebietsgeschäftsführerin Jutta Over hat dem Zauber der Moore mehrere Gedichte in ihrem Tierstimmenband „Der Wobbegong" gewidmet.
Diesem Band ist das folgende Gedicht entnommen:

### Hörsturz nach dem Ruf der Moorfrösche

*ouab ouab ouab hauab hauab*
*oueg oueg oueg geh oueg geh oueg*


hörst du das entfernte Bellen
drüben hinter diesen hellen
Birkenstämmen Weidenbüschen
wird der Boden sicher fester
tritt hervor ins offne Moor
sei ganz Auge sei ganz Ohr
sicher wirds ein Wirtshaus sein
oder ein Gesangsverein?


*ouab ouab ouab hauab hauab*
*oueg oueg oueg geh oueg geh oueg*


seltsam nah scheint nun das Bellen
mehr ein Quellen Schwellen Wellen
hörst du's leise gluckern schwappen
hörst es schlucken, schlabbern, ouappen
geh ihm nach
- und es verstummt


*ouab ouab ouab hauab hauab*
*oueg oueg oueg geh oueg geh oueg*

nun verharre hock dich nieder
und erstarre wie ein Reiher
blicke übern flachen Weiher
das Gewaber es kommt wieder
als Gewirr verirrter Stimmen
ein verhaltenes Getuschel
leises Stöhnen und Gemuschel

*ouab ouab ouab hauab hauab*
*oueg oueg oueg geh oueg geh oueg*

schwillt es an aus klammen nassen
Bulten willst es sehen fassen
möchtest bleiben aber weiche
wehe dir du lässt dich treiben
in das Moor das regenreiche –
dann wirst du zur Wasserleiche

*ouab ouab ouab hauab hauab*
*oueg oueg oueg geh oueg geh oueg*

Abb. 127: Jutta Over begeistert für die Natur mit Gedichten, Vorträgen und Videos. www. naturrundum.de (Foto: Andreas Kleve)

Das emsländische Moormuseum dokumentiert nicht nur die Geschichte der von der Not geprägten Moorkolonisation bis zum industriellen Torfabbau, es zeigt auf der Plattform 3 auch die Herausforderung durch die Moorrenaturierung. Im Jahresprogramm 2023 waren mehrere Vorträge der Renaturierung gewidmet. Im Juni berichtete Dr. Martha Graf vom Landesamt für Bergbau, Energie und Geologie (LBEG) über das Moorinformationssystem für Niedersachsen (MoorIS). Weil knapp 40 Prozent aller bundesweiten Moorflächen auf die 914 niedersächsischen Moorflächen entfallen, hat das Land schon vor 40 Jahren ein Moorschutzprogramm aufgelegt. Frau Dr. Graf verwies darauf, dass seit 1981 mehr als 15.000 Hektar Hochmoor renaturiert worden seien. Das entspricht einer Fläche von mehr als 21.000 Fußballfeldern. Und mindestens noch einmal so viel sollten es in den kommenden Jahren werden. Dabei sei besonders aus Gründen des Klimaschutzes schnelles und effizientes Handeln geboten, wobei die Bedeutung der Moore als Lebensraum für besondere Arten und für die globale Artenvielfalt berücksichtigt werden müsse.

*Abb. 128: Das harte Los der ersten Moorkolonisten*

Aus den Erfahrungen der vergangenen Jahrzehnte wurden „Handlungsempfehlungen zur Renaturierung von Hochmooren" entwickelt. Das niedersächsische LBEG hat die Empfehlungen als Geobericht 45 veröffentlicht. Eines der Projekte, dessen Erfahrungen in die Empfehlungen einflossen, war das „Modellprojekt zur Umsetzung einer klimaschutzorientierten Landwirtschaft im Gnarrenburger Moor". Das Folgeprojekt befasste sich mit der Weiterentwicklung von Gebietskonzepten mit wasserregulierenden Maßnahmen auf Hochmoorgrünland in Teilgebieten des Gnarrenburger Moores. Der Moorschutz in Gnarrenburg, das im Landkreis Rotenburg (Wümme) liegt, war 2015 durch den Protestsong „Moorklang - Das Moor" des Musikers Werner Becker, alias Anthony Ventura, gegen die Moorzerstörung bekannt geworden (https://youtu. be/ls7FflnvqXo).

Der Ortsverband der Grünen in Gnarrenburg fasste seine Schlussfolgerungen aus dem Modellprojekt so zusammen: „Jahrzehntelang standen beim Moorschutz vor allem die Biodiversität und die Filterfunktion der Moore im Vordergrund. Inzwischen ist der Klimaaspekt dazugekommen. Moore sind als Kohlenstoffspeicher enorm bedeutsam. Aus entwässerten Mooren entweicht ständig $CO_2$. Um das 1,5-Grad-Ziel zu erreichen, muss Deutschland bis 2050 ab sofort jedes Jahr 50.000 Hektar trockengelegte Moorflächen wieder vernässen (Universität Greifswald). Moor-Naturschutz und Moor-Bodenschutz verfolgen nicht immer dasselbe Ziel, wie man gerade am Gnarrenburger Modell sehen kann.

Eine Wiedervernässung bringt nicht alles zurück, was wir verloren haben. Die Entwässerung hat den Torfkörper dauerhaft geschädigt. Dennoch leisten wiedervernässte Moore einen großen Beitrag zum Klima- und Artenschutz. Dabei muss eine Balance geschaffen werden zwischen Flächen, die komplett der Natur zurückgegeben werden und Flächen, auf denen Menschen weiterhin ihren Lebensunterhalt erwirtschaften. Eine neue Moorlandwirtschaft muss her: mit nasser Beweidung oder mit angepasstem Pflanzenanbau, beispielsweise Paludikultur. Die notwendige Wiedervernässung aller Moorflächen, seien es Niedermoore, seien es Hochmoore, darf jedoch nicht auf eine Maximierung der Nutzbarkeit zielen. Dann ist das Klimaziel nicht erreichbar."

Da Moorschutz Ländersache ist, entstand bereits 2017 ein Positionspapier des Länderarbeitskreises Moorschutz der Landesfachbehörden der moorreichen Bundesländer und des BfN „Klimaschonende, biodiversitätfördernde Bewirtschaftung von Niedermoorböden. (BfN-Skripten 616). Zu den Herausgebern zählte Dr. Franziska Tanneberger, PostDoc und Leiterin des Greifswalder Moorcentrums (GMC) der Universität Greifswald. Bereits in diesem Positionspapier finden sich viele Erkenntnisse und Schlussfolgerungen des Mooratlasses.

Zwar hat das Europäische Parlament am 13. Juli 2023 den Entwurf des europäischen Natur-Wiederherstellungsgesetzes mit knapper Mehrheit angenommen, aber Umweltverbände wie der NABU verwiesen darauf, dass dafür ein hoher Preis zu zahlen war. Bedingt durch die vorangegangene Gegenkampagne rechter und konservativer Kräfte sei das Gesetz in der entscheidenden Abstimmung an empfindlichen Stellen abgeschwächt worden. Die Ambitionen für die Wiederherstellung der Natur in Europa seien deutlich heruntergeschraubt worden. So sei etwa die Renaturierung landwirtschaftlicher Flächen und die Wiedervernässung von Mooren im Gesetzentwurf gänzlich gestrichen worden. Der Gesetzestext in der jetzigen Form bleibe somit weit entfernt von dem, was aus wissenschaftlicher Sicht für den Natur- und Klimaschutz notwendig wäre. „Mit diesem Stand geht das Gesetz als Nächstes in den Trialog, also die Verhandlung zwischen Parlament, Kommission und Rat. Hier kann und muss es wieder deutlich nachgebessert werden". Ob dies gelingen und die Verpflichtung zur Wiedervernässung von Mooren in das Gesetz aufgenommen würde, war im Sommer 2023 nicht absehbar.

Wissenschaftler haben den Vorteil, dass sie nicht gewählt werden müssen. Wenn aus der Landwirtschaft kommende Wähler die von Wissenschaftlern vorgeschlagenen alternativen Bewirtschaftungsformen für nicht rentabel und Förderungen oder Ausgleichszahlungen für unzureichend halten, wird der Wahlzettel zum Strafzettel. Die meisten Landwirte erkennen die Notwendigkeit klimaschonender Änderungen ihrer Bewirtschaftungsform auch deshalb an , weil Dürreperioden und Starkregen ihren Ernten zusetzen. Aber die Angst um die eigene Existenz kann zum entscheidenden Motiv bei Wahlen werden, zur Wahl der niederländischen Bauernpartei oder der AfD in Deutschland führen. Im Kampf gegen die Klimakrise läuft die Zeit davon, aber die Entwicklung alternativer Produkte und alternativer Märkte braucht Zeit.

Wenn sich die entwässerten Moore vom Klimakiller durch eine Wiedervernässung zum Klimaretter wandeln sollen, ist eine tiefgreifende Transformation der Landwirtschaft und eine Änderung der Förderungen durch die Gemeinsame Agrarpolitik der EU (GAP) notwendig. Diese erfolgt in der Förderperiode bis 2027. Allerdings wird nach wie vor auch die entwässerungsbedingte Landwirtschaft gefördert. Die Tierhaltung auf trockenen Moorflächen müsste jedoch reduziert werden. Notwendig wären Alternativen zur herkömmlichen Landwirtschaft wie zum Beispiel Paludikulturen. Das sind der Anbau von Schilf, Torfmoosen, Rohrkolben, Erlen, Seggen und anderen Gräsern.

*Abb. 129: Versuchsfeld für eine Rohrkolben-Paludikultur in Niedersachsen.
(Foto: Hannes Grobe, https://commons.wikimedia.org/w/index.php?curid=119823412)*

Die Herstellung von Lebensmitteln ist nicht das Ziel dieser landwirtschaftlichen Nutzung, sondern die von nachwachsenden Rohstoffen, von Bau- und Dämmstoffen, Papier und Pappe.

Das Bundesamt für Naturschutz (BfN) weist darauf hin, dass sich das Konzept noch in der Erprobungsphase befinde. Diese Bewirtschaftungsform sei vorrangig auf degradierte, wiedervernässte Moorböden ohne Schutzstatus ausgerichtet. Zum Anbau eigneten sich vor allem nachwachsende Rohstoffe wie Schilf, Röhricht, Großseggenried, Torfmoose oder Schwarzerlen. Sie könnten als Substratrohstoff für den Gartenbau, als Rohstoff für die Bau- und Möbelindustrie oder als Energieträger verwertet werden. Zur schadlosen Ernte der Biomasse bedürfe es spezieller Maschinen, wie z.B. Kettenfahrzeugen. Neben der Vermeidung von Treibhausgasen könnten potenziell auch bedrohte Tierarten der Moore, wie z.B. der Seggenrohrsänger davon profitieren. Paludikultur könne somit unter Umständen sowohl für die Landwirtschaft als auch für den Naturschutz neue Ansätze der nassen Bewirtschaftung bzw. des Managements von Mooren aufzeigen.

Als Voraussetzung für den Einsatz der Paludikultur muss nach Ansicht der Fachleute eine Beeinträchtigung von Naturschutzzielen auf Moorflächen ausgeschlossen sein. Um Risiken zu vermeiden, bedürfe es u.a. einer Definition der guten fachlichen Praxis für die Bewirtschaftung von organischen Böden, umfangreicher Risikoanalysen sowie weiterer Pilotprojekte und wissenschaftlicher Begleituntersuchungen. Auch zur energetischen Verwertung der Biomasse bestehe noch Forschungsbedarf.

Der Länderarbeitskreis Moorschutz der Naturschutzfachbehörden der moorreichen Bundesländer mit dem BfN hat sich eingehender mit den Chancen und Risiken der Paludikultur befasst und auf dieser Grundlage eine Positionierung dazu aus Naturschutzsicht verfasst sowie weiteren diesbezüglichen Handlungs- und Forschungsbedarf aufgezeigt

Damit Paludikultur ökonomisch konkurrenzfähig wird, müssten schädliche Subventionen für entwässerungsbasierte Landnutzungen (z.B. Energiemais-Anbau) abgebaut und stattdessen die nasse, klimaschonende Bewirtschaftung organischer Böden gefördert werden. Möglichkeiten und Rahmenbedingungen zum finanziellen Ausgleich müssen ebenfalls noch geprüft und gegebenenfalls geschaffen werden.

Das Bundeskabinett hat am 9. November 2022 die Nationale Moorschutzstrategie beschlossen und damit den politischen Rahmen für alle Aspekte des Moorschutzes auf Bundesebene für die nächsten Jahre vorgegeben. Die Bundesregierung kommt damit einem Auftrag aus der Koalitionsvereinbarung nach. Die Nationale Moorschutzstrategie unterstützt das Erreichen der Klimaneutralität in Deutschland im Jahr 2045. Die Maßnahmen der Nationalen Moorschutzstrategie sollen dazu beitragen, dass bis zum Jahr 2030 die jährlichen Treibhausgasemissionen aus Moorböden um mindestens fünf Millionen Tonnen Kohlendioxid-Äquivalente gesenkt werden. Im Zentrum der Strategie steht die Wiedervernässung von trockengelegten Mooren und Moorböden sowie ihre klimaverträgliche Nutzung mit langfristiger Perspektive. Gleichzeitig sollen die Maßnahmen die Biodiversität in den Moorregionen fördern. Moorschutz ist ein zentrales Handlungsfeld des natürlichen Klimaschutzes.

Im Mooratlas heißt es, die von der Bundesregierung verabschiedete Moorschutzstrategie und das Aktionsprogramm Natürlicher Klimaschutz (ANK) seien erste wichtige Schritte für den Klima- und Moorschutz. Bei jährlichen Emissionen von 53 Millionen Tonnen $CO_2$-Äquivalenten aus entwässerten Mooren in Deutschland sei die in der Moorschutzstrategie vorgesehene Reduktion von lediglich 5 Millionen Tonnen pro Jahr nicht ambitioniert genug.

Aufgrund der hohen Treibhausgasemissionen aus Moorböden bestehe dringender Handlungsbedarf, wenn der erforderliche Beitrag des Moorbodenschutzes zu den Klimaschutzzielen erreicht werden solle. Stoppen lässt sich die Freisetzung von Treibhausgasen aus entwässerten Mooren nur, indem die Wasserstände in den Moorböden angehoben werden. Aber sie dürfen auch nicht zu einem Überstau führen, sonst entweicht aus den Fäulnisprozessen Methan, das klimaschädlicher ist als Kohlendioxid. Nasse Moore dienen zudem als Lebensraum für hochspezialisierte, an die Umgebung angepasste und deshalb seltene und gefährdete Tier- und Pflanzenarten. In dem Szenario des Mooratlasses vom Aussterben bedrohter Pflanzen und Tiere wird unter anderen der Seggenrohrsänger, das Zierliche Wollgras, der Hochmoorlaufkäfer und die Alpensmaragdlibelle genannt, andere wie die Kleine Moosjungfer und der Langblättrige Sonnentau gelten als stark gefährdet. Nasse Moore erfüllen durch ihre Wasserspeicherkapazität wichtige Funktionen als Temperatur- und Feuchtigkeitsregulatoren.

Die Initiative „toMOORow" will nicht nur Möglichkeiten einer umweltverträglichen, sondern auch einer für Landwirte rentablen Nutzung nasser Moore aufzeigen. Die Initiative toMOORow zur Wiedervernässung von Mooren wurde von der Umweltstiftung Michael Otto und der Michael Succow Stiftung, Partner im Greifswald Moor Centrum, ins Leben gerufen. ToMOORow wird unterstützt von der Otto Group sowie Systain Consult. Dies sind die wichtigsten Vorhaben: „toMOORow wird gezielt die Reichweite und den Einfluss der Umweltstiftung Michael Otto mit den Moor-bezogenen Netzwerken und der Kompetenz der Succow Stiftung als Partner im Greifswald Moor Centrum verzahnen, um – gemeinsam mit vielen weiteren Partnern – Moorklima- und Naturschutz sowie die nachhaltige Nutzung von Moorflächen in Deutschland und in der EU auf ein neues Niveau von Umsetzungstempo und gesellschaftlicher Unterstützung zu heben.

**toMOORow umfasst vier Aktivitätsfelder:**
- Die praktische Demonstration von Moorwiedervernässung als naturbasierte Lösung gegen Klimakrise und Artensterben im Sernitzmoor (Brandenburg) und in Litauen.
- Die Aktivierung von Wirtschaftsunternehmen für die nachhaltige Nutzung von nassen Mooren durch Wertschöpfung aus Paludikultur und Nutzung von Kohlenstoffzertifikaten.

- Das Eintreten für geeignete umwelt- und wirtschaftspolitische Rahmenbedingungen für Moorwiedervernässung in der Umwelt- und Landwirtschaftspolitik von Ländern, Bund und EU.
- Die Otto Group sowie die auf Nachhaltigkeit spezialisierte Unternehmensberatung Systain Consulting unterstützten toMOORow bei der Umsetzung ihrer Ziele".

Um die Ziele des Paris-Abkommens auf Moorböden in Deutschland schnell und umfangreich umzusetzen, sind neben ordnungspolitischen Maßnahmen auch marktwirtschaftliche Lösungen hochrelevant, heißt es im Konzeptpapier. Sie könnten den Eigentümern der Flächen über die Aktivierung von Marktkräften deutliche Anreize zur Wiedervernässung bieten. Wirtschaftliche Anreize für Moorwiedervernässung könnten durch Inwertsetzung der $CO_2$-Einsparung (Kohlenstoffzertifikate), aber auch weiterer Ökosystemdienstleistungen entstehen.

Die landwirtschaftliche Nutzung wiedervernässter Moore (Paludikultur) für Bioökonomie und Kreislaufwirtschaft sei ebenfalls vielversprechend. toMOORow werde zum einen gezielt die Angebotsseite unterstützen, indem lokale Umsetzungsbündnisse mit Know-how zu Moorklimaschutz, Kohlenstoffzertifikaten und Paludikultur unterstützt werden. Zum anderen werde zur Stimulierung der Nachfrageseite eine Allianz aus Wirtschaftsunternehmen mit dem Ziel aufgebaut, Wertschöpfungsketten für Paludikultur-Produkte (z.B. Verpackungs- und Baumaterialien) zu entwickeln und Absatzmärkte für Kohlenstoffzertifikate (Moor-Futures) zu aktivieren.

Die Hemmnisse und Lösungsansätze für Moorklimaschutz seien identifiziert und detailliert beschrieben. Wesentliche Handlungsfelder seien dabei die nationale und EU-Landwirtschaftspolitik (Förderung von Paludikultur), die internationale und EU-Klimapolitik (Moorklimaschutz in den Nationally Determined Contributions NDCs), aber auch die kommunale und regionale Schwerpunktsetzung im Klimaschutz in moorreichen Regionen. Weiterhin würden Datenbanken zur weltweiten Moorverbreitung (GPD), zur Treibhausgasemissionen temperater Moore und zu potenziellen Paludikulturpflanzen (DPPP) weiterentwickelt

Für die breite Durchsetzung der klimaschonenden Paludi-Kultur (Sumpf-Kultur) werden im Kapitel des Mooratlasses „Ein klimaschonender Wachstumsmarkt" wie schon im Positionspapier des Länderarbeitskreises und des BfN zur Paludikultur Herausforderungen genannt. Der Mooratlas spricht von einer Mammutaufgabe für landwirtschaftliche Betriebe, die ohne politische Hilfestellung schwer zu stemmen sei. Bislang seien nur wenige Paludikultur-Produkte auf dem Markt verfügbar, es fehlten schlichtweg die Flächen, auf denen sie angebaut werden könnten. Dadurch sei nicht genug Rohstoff verfügbar. Dieser müsste aber vorhanden sein, damit verarbeitende Betriebe in neue Produktionswege investierten.

Professor Otto betont in seinem Video das Schaffen der Nachfrage nach Paludi-Produkten. Das dürfte allerdings schwierig sein. Die höhere Nachfrage nach Paludi-Produkten wie Bau- und Dämmstoffen, Brennstoffen, Papier, Pappe und Verpackungsmaterial muss sich in der Konkurrenz zu herkömmlichen Produkten entwickeln oder durch Förderungen geschaffen werden.

Bislang wurden Produkte aus Paludi-Kultur vor allem in Tiny Houses verbaut. Dr. Franziska Tanneberger geht von diesem Zeitrahmen für die Entwicklung der Palidukultur aus.

Gegenüber dem Autor verwies sie darauf, aktuell - im Jahr 2023 - hätten wir mindestens 15 000 ha Nasswiesen und weniger als 100 ha Anbau-Paludikultur. Sie könne sich eine Fläche von 250 000 ha Nasswiese und 10 000 ha Anbau-Paludikulturen im Jahr 2030 sehr gut vorstellen. Ganz viel stehe und falle natürlich mit den Rahmenbedingungen.

Zu den Rahmenbedingungen gehören wie bei den Einspeisungsvergütungen für Solarstrom oder den Kaufprämien für Elektroautos und degressive Finanzierungshilfen, erweiterte oder einschränkende Bedingungen. Plug-in-Hybride, die extern aufladbar sind, werden zum Beispiel nicht mehr gefördert. Die Energiewende hat zu einer Subventionsflut geführt. Die Subventionierung immer weiterer Bereiche und Produkte endet jedoch in einem Subventionswettbewerb, in dem sich letztlich die Bereiche mit der stärksten politischen Lobby durchsetzen. Diese entscheidet dann, welche Produkte und Verfahren sich durchsetzen und nicht die unsichtbare Hand des Marktes.

Abwanderungsüberlegungen energieintensiver Unternehmen aus Deutschland angesichts des hohen deutschen Energiepreisniveaus sind ein Warnsignal. Wenn daraus dann Wachstumseinbußen resultieren, fehlen am Ende auch die Steuereinnahmen, aus denen sich Subventionen finanzieren ließen. Der Verteilungskampf um Subventionen würde zunehmen. Prototypen von Paludi-Produkten wie Einblasdämmung aus Rohrkolben oder Möbelbauplatten aus Grasfasern gibt es bereits. Es wäre sehr zu wünschen, Pilotprojekte und Unternehmen schüfen klimaschonende Paludi-Produkte, die sich ohne Subventionen am Markt durchsetzten.

Aber es heißt über „Anwendungsbereiche" selbst auf den toMooRow-Seiten zurückhaltend: „Der Einsatz von Frischfasern bzw. alternativen Rohstoffen in der Papierproduktion ist abhängig vom Preis für Altpapier und je nach Marktsituation entsprechend attraktiv. Die Kosten bei der Nutzung von Paludi-Biomasse sind nicht grundsätzlich außerhalb des Preisgefüges im Papiersegment. Zudem sind die Erfahrungen im Papiersektor mit alternativen Rohstoffen vielfältig, welches eine Einführung von Paludi-Biomasse in die Produktionsabläufe vereinfachen kann."

Es gibt zwar ein großes Marktpotential für heimisches Schilf, aber in Deutschland werden bis zu 85 Prozent des verwendeten Schilfes importiert, mit steigender Tendenz aus Ländern wie China. Das erinnert daran, dass 80 Prozent aller Solarpanels auf deutschen Dächern aus China und anderen asiatischen Ländern kommen.

Abb. 130: In Deutschland grasen und suhlen sich 6000 Wasserbüffel, nicht nur in Mooren. Fast 30 gibt es auch in der deutschsprachigen belgischen Eifel (Ardennen) wie diese des Biolandwirts Tom Löfgen in Honsfeld-Büllingen. Sie arbeiten als Landschaftspfleger. Man sieht sie von einem viel befahrenen Radweg.

Aus Asien kommt ein Tier, das für manchen Landwirt zur Alternative in der Viehhaltung werden könnte: der Wasserbüffel. Er kommt mit leicht vernässten Böden zurecht, liefert Milch und colesterin- sowie fettärmeres Fleisch, aber zu Preisen, die im Wettbewerb mit Schweine- und Rindfleisch schwer durchsetzbar sind.

Wer die in diesem Bericht integrierten Wasserbüffel-Videos anschaut, wird daraus eine Erkenntnis mitnehmen: Ohne Subventionen geht es nicht. Der Wandel der Moore vom Klima-Killer zum Klimaretter könnte länger werden als erwartet. Er braucht Zeit, die wir in der Klimakrise nicht haben. Aus dieser Zeitfalle kommen wir nur heraus, wenn es mehr Pilotprojekte, klimaschonende Innovationen und Unternehmen gibt, die diese in marktfähige Produkte umsetzen. Ob dies nun in höherem Tempo und wirklich ohne Subventionen und ohne ordnungsrechtliche Auflagen geht? Zu wünschen wäre es. Sie können die Rettung der Moore und des Klimas verfolgen, wenn Sie sich für den Newsletter der Succow Stiftung anmelden:

Succow Stiftung | Newsletter Anmeldung (SuccowStiftung.de)
https://www.SuccowStiftung.de/newsletter-anmeldung

## Webseiten und Videos:

| | |
|---|---|
| | Über uns - Moorwissen de<br>https://www.moorwissen.de/ueber-uns.html |
| | Contact - Greifswald Mire Centre (greifswaldmoor.de)<br>https://www.greifswaldmoor.de/contact.html |
| | Succow Stiftung<br>https://www.Succow Stiftung.de/ |
| | Umweltstiftung Michael Otto<br>https://www.umweltstiftungmichaelotto.de |
| | Moorschutz - Aktionen & Projekte des NABU<br>https://www.nabu.de/natur-und-landschaft/moore/17800.html |
| | Unverwechselbare Lebensqualität aus Ostbelgien \| Wir. Leben. Eifel. (standort-eifel.de)<br>https://www.standort-eifel.de/eifel-reportagen/eifel-bueffel |
| | Charakter des Naturpark Bourtanger Moor (naturpark-moor.eu)<br>https://www.naturpark-moor.eu/wissen/charakter |

| | |
|---|---|
| | Nasse Moore für eine nachhaltige Zukunft (tomoorow.org)<br>https://www.tomoorow.org |
| | Mooratlas<br>https://www.Succow Stiftung.de/mooratlas |
| | Herzlich willkommen – Natur rundum mit Jutta Over<br>https://naturrundum.de/ |
| | Musikvideo: Werner Becker (alias Anthony Venturas),  Protestsong „Moorklang- Das Moor"<br>https://youtu.be/ls7FflnvqXo<br>5:30 |
| | Die Bedeutung der Moore<br>https://youtu.be/SLLYo5_y1d4<br>13:1 |
| | So kann mehr Moor das Klima retten<br>https://youtu.be/dpvDkhwjVKE<br>6:30 |
| | Klimakiller: Streit um den Torfabbau in Niedersachsen<br>https://youtu.be/gBLknERc6w0 |
| | Jutta Over und Uwe Westphal „Moorklang und Flussgesang"<br>https://youtu.be/mhB6dtY_jgY<br>7:40 |

| | |
|---|---|
| | Blaue Moorfrösche bei der Paarung<br>https://youtu.be/u0OfabOgK5Q<br>1:37 |
| | Prof. Dr. Michael Otto zur neuen Initiative „toMOORow"<br>https://youtu.be/wKExsbbC8es<br>2:54 |
| | Deutscher Umweltpreis 2015 an Prof. Dr. Michael Succow<br>https://youtu.be/1yC2tmL_yGY<br>5:37 |
| | Michael Succow –Begegnungen in den Filmen Landstück und Seestück<br>https://youtu.be/rEs-YAKpgQU<br>16:08 |
| | Der Mann und das Moor<br>https://youtu.be/QgMUVOOLfhU<br>8:14 |
| | Konkret nachhaltig- Ein Gespräch mit Dr. Franziska Tanneberger<br>https://youtu.be/J8pETLwg-go<br>19:57 |
| | Klimaschonende Landwirtschaft: Fleisch und Wärme aus dem Moor \| Abendschau \| BR24 - YouTube<br>https://youtu.be/Z1EsdrGOetE<br>2:30 |
| | BR: Landwirtschaft:Neue Ideen für die Bewirtschaftung von Mooren<br>https://youtu.be/7A6sowuJowo |

BRF: Wasserbüffel zurück in die Eifel
https://youtu.be/BED0lYhEVog

Klimakiller: Streit um den Torfabbau in Niedersachsen
https://youtu.be/gBLknERc6w0

# Anhang

## Technische Anleitung

Bevor Sie über die QR-Codes und Weblinks in das Internet gehen, sollten Sie prüfen, ob Sie ihr Smartphone, Tablet oder ihr PC durch eine Software zuverlässig gegen Bedrohungen aus dem Netz schützt. Dann können Sie die Hintergrundinformationen nutzen und ohne Zusatzkosten die integrierten Naturfilme sehen. Die „Spieldauer" steht hinter jedem Video, sodass Sie sehen können, welches in ihre Zeitplanung passt.

Wenn Sie einen QR-Code einscannen wollen, decken Sie bitte die anderen mit einem Blatt Papier ab.

Dies ist ein Naturerlebnisbuch in doppeltem Sinn. Sie können Naturparadiese besuchen und dann live erleben. Sie können aber auch die integrierten Videos anschauen oder Lieder anhören und mitsingen. Es ist ein crossmediales Buch. QR-Codes und Weblinks führen den Leser zu interessanten Web-Seiten mit vertiefenden Informationen und Videos aus Mediatheken oder von YouTube. Die bei YouTube-Videos vorgeschaltete Werbung kann man nach wenigen Sekunden wegklicken. Kürzere Videos können Sie mit dem Smartphone oder Tablet in der Hand sehen. Sie brauchen nur die QR-Codes mit der Kamera ihres Smartphones oder einem zumeist kostenlosem QR-Code-Scanner einzulesen und dann den Link anzuklicken.

Längere Videos sollten Sie besser auf dem größeren Monitor ihres PC anschauen. Sofern Sie einen kürzeren Link nicht lieber gleich selbst eintippen, geben Sie bitte die Bezeichnung des Videos oder ein passendes Stichwort in die Suchmaske von Google oder YouTube ein.

Es kann sein, dass das gewünschte Video nicht mehr verfügbar ist, weil es nicht länger in der Mediathek vorgehalten wird oder weil ein YouTube-Video auf „privat" gestellt wurde. Das bedauere ich. Aber die Chance ist groß, durch die Eingabe eines Stichwortes in die Suchmaske von YouTube ein ähnliches finden. Sie ist noch größer, wenn Sie den Suchbegriff in englischer Sprache eingeben.

# Die EU-Lok im Umwelt- und Naturschutz

Die Europäische Union ist zur Lokomotive in der Natur-und Umweltgesetzgebung und bei der Durchsetzung höherer Standards beim Schutz der biologischen Vielfalt geworden. Allerdings zeigen die Vertragverletzungsverfahren, dass einige Länder vergessen, die Bremsklötze zu lockern. Auch Deutschland ist kein Musterschüler. Gegen Deutschland laufen bereits zwei Vertragsverletzungsverfahren.

Das Bundesministeriun für Umwelt, Naturschutz, Nukleare Sicherheit und Verbraucherschutz weist in seinen Unterlagen für den Unterricht darauf hin, dass die Mitgliedstaaten der EU den Umweltschutz in den vergangenen drei Jahrzehnten weitgehend auf die überstaatliche Ebene verlagert haben. Etwa 80 Prozent aller nationalen Umweltgesetze hätten ihren Ursprung in der EU.

Das EU-Recht bestimmt heute maßgeblich das nationale Umweltrecht durch Richtlinien und unmittelbar geltende Verordungen. Beispiele sind die Vogelschutzrichtlinie von 1997und die Artenschutzverordung. Zwar formulieren die Verfassungen von Bundesländern und das Grundgesetz in Artikel 20a den Schutz der natürlichen Lebensgrundlagen als ein Staatsziel, aber Bund und Länder setzen in aller Regel nur EU-Vorgaben um oder konkretisieren sie. Das wichtigste deutsche Gesetz ist das Bundesnaturschutzgesetz mit seinen Novellierungen. Die Bundesländer haben gleichwohl das Recht zu abweichenden Regelungen über den Naturschutz und die Landschaftspflege, nicht aber über die allgemeinen Grundsätze des Naturschutzes, das Recht des Artenschutzes oder den Meeresnaturschutz. Neben Genehmigungs- und Kontrollaufgaben sind sie auch für den Vollzug der zahlreichen Förderprogramme zuständig.

Durch die Angleichung der rechtlichen Regelungen in den Mitgliedstaaten soll verhindert werden, dass Unternehmen laschere Umweltgesetze in einem bestimmten Land ausnutzen und dort billiger produzieren können.

Die wichtige Rolle der europäischen Ebene zeigt sich beim LIFE-Programm (L'Instrument Financier pour l'Environnement). Es ist das einzige EU-Förderprogramm, das ausschließlich Umweltschutzbelange unterstützt. Mit dem seit 1992 bestehenden Programm werden Maßnahmen in den Bereichen Biodiversität, Umwelt- und Klimaschutz gefördert. Der Förderbereich "LIFE Natur und Biodiversität" dient dem Schutz von Arten und Lebensräumen gemeinschaftlicher Bedeutung. Das Programm unterstützt dabei vor allem die Errichtung und das Management des europäischen Schutzgebietsnetzes Natura 2000. Das Gesamtbudget von LIFE für den Zeitraum 2014 bis 2020 betrug 3,456 Milliarden Euro. Davon wurden 81 Prozent für die Förderung von Projekten in den Mitgliedstaaten eingesetzt.

Das "Netzwerk Natura 2000" hat über Ländergrenzen hinweg ein Netzwerk von Schutzgebieten geschaffen, die sich an den Verbreitungsgebieten der Arten orientieren. Die Natura 2000-Gebiete in Europa umfassen mittlerweile eine Fläche größer als Deutschland und Frankreich zusammen. Das bis 2027 laufende neue LIFE-Programm wurde mit einem Gesamtbudget von 5,43 Milliarden Euro ausgestattet. Es bietet förderfähigen Projekten einen Zuschuss von der Europäischen Union. Die Ko-Finanzierung der Europäischen Union liegt in der Regel bei 60 Prozent, kann allerdings beim Teilprogramm „Naturschutz und Biodiversität" bis zu 75 Prozent und beim Teilprogramm „Energiewende" bis zu 95 Prozent betragen.

Die EU-Vogelschutz- und die Fauna-Flora-Habitat-Richtlinien sind die rechtsverbindlichen Mindeststandards für den Natur- und Artenschutz. Der NABU setzt sich dafür ein, dass das EU-

Naturschutzrecht besser umgesetzt und ausreichend finanziert wird. Gleichzeitig gelte es, die immer noch naturfeindliche EU-Agrarpolitik und schädliche Brüsseler Subventionen zu reformieren. Die „Biodiversität-Hotspots" Europas und oftmals besonders großfläche und zahlreiche Natura-2000-Gebiete befinden sich zumeist in ärmeren Mitgliedstaaten. Der NABU fordert deshalb, dass der EU-Haushalt mindestens drei Viertel der Kosten für die Umsetzung der europäischen Biodiversitätsstrategie übernehmen müsse, den übrigen Teil sollten die Mitgliedstaaten aus öffentlichen und privaten Quellen finanzieren. Einer Schätzung der EU-Kommission zufolge werden aus dem EU-Haushalt jedoch bisher höchstens 20 Prozent dieser Kosten gedeckt.

Aktuellen Schätzungen zufolge belaufen sich die Kosten für die Umsetzung der EU-Naturschutzrichtlinien in Deutschland auf mindestens 1,4 Milliarden Euro im Jahr. Aktuelle Berechnungen deuten aber darauf hin, dass derzeit höchstens ein Drittel der benötigten Finanzierung aufgebracht wird – und das mit höchst unterschiedlicher Wirksamkeit der einzelnen Maßnahmen.

Damit fehlten die Mittel, um Schutzgebiete ausreichend zu pflegen und notwendige Artenschutzprogramme durchzuführen. Vor allem können Landwirte und Waldbesitzer, die Naturschutzleistungen erbringen wollen, nicht ausreichend belohnt werden. Je größer der Finanzmangel, desto weniger lasse sich also auf das Prinzip Freiwilligkeit im Naturschutz setzen.

Für die EU-Ebene schätzt der NABU, dass insgesamt etwa 15 Milliarden Euro jährlich für die Umsetzung der Naturschutzrichtlinien benötigt werden. Einschließlich weiterer Maßnahmen zur Erfüllung der globalen und EU-Biodiversitätsstrategien ist mit einem Finanzierungsbedarf in Höhe von mindestens 20 Milliarden Euro jährlich auszugehen. Diese signifikante Finanzierungslücke im Naturschutz kann nach seiner Auffasung nur durch eine Neugestaltung der europäischen Naturschutzfinanzierung sowie durch die Entwicklung gezielter und hocheffizienter Maßnahmen geschlossen werden. Zur ausreichenden Finanzierung des Naturschutzes in Europa fordert der NABU die Einrichtung eines eigenständigen Naturschutzfonds in Höhe von 15 Mrd. Euro pro Jahr. Mit diesem sollten die Maßnahmen der Mitgliedsstaaten zur gezielten Umsetzung der Naturschutzrichtlinien und weiterer Biodiversitätsmaßnahmen mit durchschnittlich 75 Prozent kofinaziert werden. Es wäre für den Schutz der Natur sehr schön, wenn in Europa die Bäume in den Himmel wüchsen, aber ernüchtert doch sehr , wenn im Bundeshaushalt 2023 für den Naturschutz 153,58 Millionen Euro (2022: 127,07 Millionen) projektiert sind.

Wie die Deutsche Presseagentur berichtete, pochte Bundesumweltministerin Steffi Lemke (Grüne) im Juni 2023 angesichts der Klimakrise darauf, den Kampf für die Wiederherstellung beschädigter Naturlandschaften auf EU-Ebene voranzutreiben. Die christdemokratische EVP habe sich ganz offensichtlich aus dem bisherigen Konsens verabschiedet, gemeinsam für intakte Ökosysteme und ihren zentralen Beitrag für die Lebensqualität der Menschen in Europa zu streiten, sagte die Grünen-Politikerin. Mit Sorge nehme sie wahr, dass es auf europäischer Ebene massive Versuche gebe, ein umfassendes Paket der EU-Kommission für mehr Umwelt- und Klimaschutz „auf den letzten Metern zu kippen". Die EVP ist die stärkste Fraktion im Europaparlament.

So sollen den Plänen nach trockengelegte Moore wieder vernässt und Wälder aufgeforstet werden. Das Gesetz gilt als wichtiges Vorhaben für den Naturschutz in der EU. Lemke sagte: „Mit Waldbränden, Starkregenereignissen oder Dürrephasen erleben wir die Auswirkungen der Klimakrise längst schon bei uns in Europa- mit gravierenden Folgen für Menschen, Natur und ökonomischen Schäden in Milliardenhöhe."

Die EVP argumentiert unter anderem, dass die EU-Kommission die Interessen der Landwirte und Fischer nicht ausreichend berücksichtigt habe und die Lebensmittelsicherheit gefährdet werden könnte. Befürworter des Vorhabens widersprechen dieser These. Was auch immer aus den sehr weitgehenden Forderungen des NABU wird, sie zeigen, dass auf den Steuerzahler als Hauptfinanzier von Naturschutzprogrammen nicht verzichtet werden kann und Stiftungen als Projektdurchführer ebenso notwending sind wie Spender, große und kleine Naturmäzene.

## Transparenz schafft Vertrauen - Das NABU-Vorbild

Wie die „Welt" berichtete, endete 2016 nach 21 Jahren das Märchen von der Görlitzer „Altstadtmillion": Der anonyme Gönner, der seit 1995 jedes Jahr eine Million D-Mark beziehungsweise 511.500 Euro auf das Konto der Stadt fließen ließ, hatte 2016 das letzte Mal überwiesen. Diesmal waren es 340.000 Euro. Mithilfe dieser Schenkung von insgesamt über zehn Millionen Euro konnte die Stadt über 1500 Projekte in der Stadt unterstützen.

Auch der „Denkmalschutzmäzen" Günther Jauch hielt sich lange mit Informationen über seine Spenden zurück. Günther Jauch hatte die „Stiftung Garnisonkirche Potsdam" lange um Stillschweigen gebeten, dass er 2016 1,5 Millionen Euro für den Wiederaufbau der Kirche im Zentrum von Potsdam gespendet hatte. Dann gelang es der Stiftung jedoch, den Spender zu überzeugen, dass man mit seinem werbewirksamen Namen andere Bürger zum Spenden anstiften könne. Zum Jahresbeginn 2023 waren rund 25 000 Spender mit unterschiedlichen Beträgen seinem Beispiel gefolgt.

Bereits zuvor hatte er für andere Denkmalschutzprojekte in Potsdam beträchliche Beträge gespendet. Für die Rekonstruktion der Barockfassaden des Berliner Stadtschlosses spendeten etwa 45.000 Bürger 105 Millionen Euro.

Gutes tun macht Freude. Das wissen viele Menschen in Deutschland und spenden deshalb für einen guten Zweck. Die privaten Haushalte haben in Deutschland nach den Berechnungen des Deutschen Zentralinstitutes für soziale Fragen (DZI) und des Deutschen Institutes für Wirtschaftsforschung (DIW) im Jahr 2021 rund 12,9 Mrd. Euro Geldspenden für gemeinnützige Zwecke geleistet und somit 12,6 Prozent mehr als 2020 (11,5 Mrd.). Dieser starke Zuwachs ist zum einen auf die hohe Spendensumme (655 Mio. Euro) für die vom Hochwasser Betroffenen im Westen Deutschlands zurückzuführen, zum anderen auf eine generelle Erhöhung der Spendensumme pro Spender und Spenderin. Die Hochrechnung des Geldspendenvolumens stützt sich auf die Sozialökonomischen Panel-Daten (SOEP) aus 2019 und auf eine Fortschreibung für 2021 mithilfe des DZI-Spenden-Indexes. Die Methodik wird im DIW Wochenbericht 46–2022 und im statistischen Anhang des DZI-Spenden-Almanachs 2022 im Detail erläutert. Der eklatante Unterschied zwischen der von DZI und DIW berechneten Spendensumme (2021: 12,9 Mrd. Euro) und dem vom Dachverband Deutscher Spendenrat e. V. und dem von der GfK angegebenen Spendenvolumen (2021: 5,8 Mrd. Euro) liegt an anderen Spendenerfassungen und Fragestellungen. Zusätzlich zu den privaten Haushalten spenden auch die deutschen Unternehmen Geld für gemeinnützige Zwecke. Diese Unternehmensspenden betragen nach Angaben des Ende 2018 veröffentlichten CC-Survey rund 9,5 Mrd. Euro jährlich. Zur Spendenbeteiligung der Bevölkerung divergieren die Ergebnisse der verschiedenen Erhebungen ähnlich stark wie beim Spendenvolumen.

Über die Aufteilung der Spenden auf unterschiedliche gemeinnützige Zwecke gibt die „Bilanz des Helfens" 2022 Auskunft. Im Jahr 2021 entfielen 75,8 Prozent der Spenden auf die humanitäre Hilfe, 7,1 Prozent auf Tierschutz, 3,3 Prozent auf Umwelt-/Naturschutz, 2,6 Prozent auf Kultur-/ Denkmalspflege,1,5 Prozent auf Sport und 9,5 Prozent auf sonstige gemeinnützige Zwecke. In einer repräsentativen Umfrage des Marktforschungsinstitutes GfK im Auftrag der Stiftung Warentest hatten die Befragten als Ziel ihrer Spenden vor allem Tierschutzorganisationen und Kindernothilfe genannt, gefolgt von Gesundheit, Not- und Katastrophenhilfe sowie Umweltschutz.

Bei der in der Vorweihnachtszeit hoch auflaufenden Flut an Bittbriefen um Spenden und der Spendenwerbung in den Medien ist es schwer, die Spreu vom Weizen zu trennen, zumal häufig für ähnliche Hilfsmaßnahmen oder Projekte geworben wird. Das DZI und die Stiftung Warentest haben deshalb einen Spendenkompass entwickelt, eine Checkliste für die Prüfung der Seriosität und Wirksamkeit der Organisation, mit dem Ziel, die Guten zu finden. Wichtigstes Kriterium: Transparenz. Seriös arbeitende Organisationen veröffentlichen alle Informationen über die Spendensammlung in einem Jahresbericht, informieren über Einnahmen und Ausgaben, Projekt- und Verwaltungskosten.

Nach Angaben des Bundesverbandes Deutscher Stiftungen gab es in Deutschland 2022 über 650 000 Vereine, 24650 rechtsfähige Stiftungen bürgerlichen Rechts. Rund 90 Prozent von ihnen verfolgen gemeinnützige Ziele, daneben noch tausende unselbständige, nicht rechtsfähige Treuhand-Stiftungen. Spenden nehmen alle zivilgesellschaftlichen Organisationen gern entgegen. Aber nur ein kleiner Teil, geschätzt 2.000 bis 3.000, wirbt regelmäßig, systematisch und überregional um Spenden, heißt es im DZI-Spenden-Almanach 2022.

Das Vermögen von Stiftungen in Deutschland ist unbekannt. Der Bundesverband deutscher Stiftungen hat auf Basis der für 2020 vorliegenden Zahlen von 12.768 deutschen Stiftungen ein Vermögen von 110 Mrd. € geschätzt. Da die Anzahl der Stiftungen aber wie gezeigt weitaus höher ist, könne dieser Betrag nur die unterste Grenze darstellen, schreiben Regine Buchhorn und Cornelia Teltge im Almanach 22. Auch die Verteilung des Vermögens der darüber berichtenden Stiftungen sei sehr unterschiedlich: „So verfügt die Mehrheit (63,1 %) über ein Stiftungsvermögen von weniger als 1 Mio. € und nur 7,8 % haben ein Stiftungsvermögen von mehr als 10 Mio. €". Die wirtschaftliche Bedeutung von Stiftungen werde noch weiter zunehmen, denn im Zeitraum zwischen 2015 und 2024 werden ca. 3,1 Billionen € in Deutschland vererbt.

Auch wenn in der Öffentlichkeit immer wieder Transparenzdefizite bei Spenden sammelnden Stiftungen und Vereinen diskutiert werden, halten dreiviertel ihre Angaben für ausreichend und eine weitere Aufschlüsselung für zu teuer sowie ablenkend von ihrer eigentlichen Arbeit. Dabei bewegt Spender nichts so sehr wie die Frage, ob ihre Zuwendungen auch wirklich bei den Begünstigten ankommen und zwar ohne hohen Abzug für Provisionen und ohne hohen Verwaltungs- und Personalaufwand. Dies gilt vor allem dann, wenn die Hilfsbedürftigen in Krisengebieten oder in Staaten mit alltäglicher hoher Korruption leben.

Auch bei Naturschutz-Stiftungen und Spenden für den Naturschutz möchten Spender angesichts vieler Parallelprojekte ihre Geldbeträge einer effizient und sparsam arbeitenden Organisation anvertrauen. Je mehr eine Organisation ihre Finanzdaten freiwillig offenlegt, desto eher vertrauen ihr Spender.

Das DZI hat im herunterladbaren Spenden-Almanach 2022 auf den Seiten 51 und 52 Spenden-Tipps, Arbeitshilfen und eine Check-Liste für sicheres Spenden veröffentlicht. Neben dem für kleinere Organisationen zu teuren DZI-Spendensiegel gibt es die Initiative „Transparente

Zivilgesellschaft", eine niedrigschwellige Selbstverpflichtung. Im Rahmen der 2010 gestarteten Initiative haben sich bis Ende 2022 nunmehr 1.697 Organisationen und Einrichtungen zur Veröffentlichung der zehn von der ITZ festgelegten Basisinformationen entschlossen. Das deutsche DZI Spenden-Siegel, bei dem 102 Kriterien in sieben Themenfeldern geprüft werden, haben bis 2022 nur 232 Organisationen erhalten, darunter die Sielmann-Stiftung. Bis zu 30 Prozent der Gesamtausgaben für Verwaltung und Werbung hält das DZI für noch gerade vertretbar. Im Durchschnitt beträgt der Anteil der Spendensiegel-Organisationen laut DZI jedoch nur 12 Prozent. Nur wer sachlich wirbt, Mittel zweckgerichtet, sparsam und wirtschaftlich einsetzt und eine funktionierende Kontrolle der Planungen und Entscheidungen für jedes Projekt nachweisen kann, bekommt das DZI-Siegel. Für die jährliche Prüfung zahlen Organisationen einen Grundbetrag von maximal 1500 Euro plus einen Zusatzbetrag, der bis zu 0,035 Prozent der jährlichen Gesamteinnahmen, maximal 11500 Euro plus Mehrwertsteuer beträgt. Etwa 30 Prozent der Erstantragsteller scheitern Jahr für Jahr an den strengen Prüfkriterien. Wer das Siegel nicht hat, muss jedoch nicht unseriös sein. So stufte die Stiftung Warentest 2019 die Stiftung „Pro Artenvielfalt" als unwirtschaftlich arbeitende Organisation ein, weil sie Anteil von 33 Prozent an den 2,9 Millionen Ausgaben ein, obwohl sie die Kriterien der ITZ befolgte.

Die Stiftung widersprach der Bewertung auf ihrer Homepage unter „Klartext". Nun kann ein potenzieller Spender das Pro und Kontra abwägen und beurteilen, ob eine Spende gut angelegt ist.

Vorbildlich ist das Transparenzverhalten des NABU und des LBV Bayern. Im Jahresbericht 2021 (herunterladbar) des Naturschutzverbandes NABU können Mitglieder, Spender und Sponsoren auf 14 Seiten (37 bis 51) lesen, wie konsequent der Verband seine Leitlinie zur Transparenz und die Selbstverpflichtung der Initiative Transparente Zivilgesellschaft umsetzt. Auf Seite 40 findet der Leser einen Exkurs zu den Gehältern mit diesem Ergebnis:

„Die Gehälter werden jährlich vom ehrenamtlichen Finanz- und Prüfungsausschuss überprüft. Bei der letzten Prüfung wurden keine unverhältnismäßigen Jahresbruttogehälter im Verhältnis zur ausgeübten Funktion festgestellt (§ 55 Abs. 1 Nr. 3 Abgabenordnung)"

Die Mitgliedsbeiträge haben mit 31,3 Millionen die Spenden von 14,8 Millionen weit übertroffen. Der NABU-Bundesverband weist im Geschäftsjahr 2021 Erträge aus Erbschaften in Höhe von 8,1 Mio. Euro (Vorjahr: 3,6 Mio. Euro) aus. Für Erbschaften gilt noch mehr als für Spenden der DZI-Rat: „Spenden vertragen keinen Druck. Lassen Sie sich nicht unter Druck setzen – weder durch aufdringlich auftretende Werbende an der Haustür oder auf der Straße, noch durch zu emotionale Spendenbriefe. Denn Spenden und Fördermitgliedschaften sind freiwillige Gaben, zu denen niemand überredet oder genötigt werden sollte. Starkes Mitleid erweckende und gefühlsbetonte Werbung ist ein Kennzeichen unseriöser Organisationen".

Die Einnahmen des NABU im Bereich Unternehmenskooperationen sind um 895.000 Euro auf insgesamt 5 Mio. Euro (Vorjahr: 4,1 Mio. Euro) gestiegen. Davon entfallen auf Lizenzen und Sponsoring 2,8 Mio. Euro sowie Einnahmen aus Beratungs- und Geschäftsbesorgungsverträgen von 2,2 Mio. Euro.

Die Zuschüsse für inländische und ausländische Projekte erhöhten sich um 2,4 Mio. Euro auf 13 Mio. Euro (Vorjahr: 10,6 Mio. Euro).

In die Umweltbildung und -information wurden insgesamt 11,3 Mio. Euro (Vorjahr: 9,4 Mio. Euro) investiert. Die Aufwendungen für die Gewinnung von Mitgliedern und Spender*innen sind um 590.000 Euro auf 5,5 Mio. Euro (Vorjahr: 5 Mio. Euro) gestiegen. Die Kosten für die Betreuung von Mitgliedern und Spendern sowie Spenderinnen sind um 184.000 Euro auf 1,8 Mio.

Euro (Vorjahr: 1,6 Mio. Euro) gestiegen. Für die allgemeine Verwaltung der Bundesgeschäftsstelle wurden 2,2 Mio. Euro ausgegeben. Damit liegt der Anteil an Werbe- und Verwaltungskosten für das Geschäftsjahr 2021 bei 14,4 Prozent (Vorjahr: 14,9 Prozent). Nach den Kriterien des DZI ist dieser Prozentsatz angemessen. Darin sind auch Werbe- und Verwaltungskosten für die NABU-Gliederungen sowie der Versicherungsschutz für die rund 70.000 Ehrenamtlichen im NABU enthalten.

Der Jahresbericht enthält zudem eine lange Liste der Erbschafts- und Vermächtnisgeber, der ihn unterstützenden Unternehmen, Stiftungen und Verbände, öffentlicher Institutionen.

Der LBV Bayern hat nach seinen Angaben im Geschäftsjahr 2021 93 Prozent aller Ausgaben zur Erreichung seiner Ziele ausgegeben. Darin müssen allerdings auch Ausgaben für seine Öffentlichkeitsarbeit enthalten sein. Rechnet man die 9 Prozent an den Ausgaben betragenden Aufwendungen für die Öffentlichkeitsarbeit mit den 7 Prozent für die Verwaltung und 3 Prozent für den Mitgliederservice zusammen, bleibt der LBV unter 20 Prozent. Dies ist nach den DZI-Kriterien ebenfalls angemessen.

Der BUND formuliert einen besonders hohen Anspruch. Im Jahresbericht 2021 heißt es: „Ein sorgsamer Umgang mit Geld ist unsere höchste Prämisse, alle Einnahmen und Ausgaben legen wir offen. Kooperationen mit Unternehmen lehnen wir ab, ebenso wie Spekulationen. Der BUND finanziert sich nicht auf Kosten künftiger Generationen und sorgt mit der Bildung von Rücklagen vor. Unseren Jahresabschluss lassen wir über die gesetzlichen Verpflichtungen hinaus von einer unabhängigen Wirtschaftsprüferin unter die Lupe nehmen.“

Schaut man auf die veröffentlichten Angaben zu den Einnahmen und Ausgaben, fallen irritierende Abgrenzungen auf. Bei den Einnahmen werden Mitgliedsbeiträge und Spenden in einer Rubrik genannt, ohne sie auzuschlüsseln. Diese macht 74 Prozent aller Einnahmen aus. Sammelrubriken gibt es auch bei den Ausgaben. Auf die Rubrik „Natur- und Umweltschutzarbeit, Fach- und Lobbyarbeit, Aktionen, Presse- und Öffentlichkeitsarbeit“ entfallen 25 Prozent der Ausgaben. Eine Aufschlüsselung fehlt leider.

# Steuertipps für Spender, Stifter, Sponsoren[1]

## Steuererklärung

Geldspenden oder Sachspenden an gemeinnützige Organisationen können Sie in der Steuer-
erklärung geltend machen. Bei Spenden bis 300 Euro geht das sogar ohne offizielle Spendenbescheinigung.

Spenden sind steuerlich absetzbar, wenn sie

- freiwillig und ohne Gegenleistung
- für steuerbegünstigte Zwecke
- an steuerbegünstigte Organisationen geleistet und
- mit einer Zuwendungsbestätigung nachgewiesen werden.

Für die steuerliche Anerkennung von Spenden an inländische Spendenempfänger kann das Finanzamt eine Spendenbescheinigung verlangen, fachlich korrekt »Zuwendungsbestätigung« genannt.

Auch wenn Sie die Zuwendungsbestätigung inzwischen nicht mehr unaufgefordert beim Finanzamt vorlegen müssen, gilt nach wie vor, dass sie grundsätzlich nicht nur ein Spendennachweis
ist, sondern Voraussetzung für den steuerlichen Abzug Ihrer Spende. Ohne Zuwendungsbestätigung wird das Finanzamt Ihre Spende also im Zweifel nicht anerkennen. Keine Steuerersparnis
haben Sie deshalb zum Beispiel für Spenden bei Straßen- oder Haussammlungen, wenn dafür
keine ordnungsgemäße Zuwendungsbestätigung ausgestellt wird.

Von der strengen Anforderung an die formelle Zuwendungsbestätigung gibt es erfreulicher-
weise in folgenden vier Fällen eine Vereinfachungsregelung:

- Spenden zur Hilfe in Katastrophenfällen;
- Spenden bis 300 Euro an gemeinnützige Organisationen;
- Spenden bis 300 Euro an eine staatliche Behörde;
- Spenden bis 300 Euro Euro an eine politische Partei.

Als Spendennachweis genügt hier dem Finanzamt der Bareinzahlungsbeleg oder die Buchungsbestätigung der Bank (Kontoauszug, Lastschrifteinzugsbeleg oder der PC-Ausdruck bei Online-
banking), wenn darauf Name und Kontonummer von Auftraggeber und Empfänger sowie Betrag
und Buchungstag ersichtlich sind.

Bis zu welcher Höhe Ihre Spenden und Mitgliedsbeiträge steuerlich abzugsfähig sind, hängt
ab von der Höhe Ihrer Einkünfte (§ 10b Abs. 1 Satz 1 EStG):

- Spenden und Mitgliedsbeiträge sind bis zu 20 % des Gesamtbetrags der Einkünfte als Son-
  derausgaben abzugsfähig.
- Für Selbstständige gilt alternativ ein Spenden-Höchstbetrag von 0,4 % der Summe der gesamten Umsätze und der im Kalenderjahr gezahlten Löhne und Gehälter, wenn dies günstiger ist.

Neben diesem »normalen« Spendenabzug sind zusätzlich zum Höchstbetrag absetzbar

- Spenden an Stiftungen und
- Spenden an politische Parteien und unabhängige Wählervereinigungen.

---

1   Auszug mit freundlicher Genehmigung von Steuertipps.de (Wolters Kluwer)

Spenden sind in dem Jahr absetzbar, in dem sie geleistet wurden. Spenden Sie in einem Jahr so viel, dass sich Ihre Zuwendungen nicht vollständig steuerlich auswirken, dürfen Sie den unberücksichtigt gebliebenen Betrag zeitlich unbegrenzt ins jeweils nächste Jahr vortragen und dann zusammen mit den Spenden dieses Jahres im Rahmen des Höchstbetrages absetzen.

Dieser Spenden-Vortrag ist möglich, soweit Ihre Spenden
- den Spenden-Höchstbetrag übersteigen oder
- zu einem negativen Einkommen führen (§ 10b Abs. 1 Satz 9 EStG). Diese Vorschrift regelt die Reihenfolge der Abzüge vom Gesamtbetrag der Einkünfte: Zunächst werden die Vorsorgeaufwendungen sowie der Verlustabzug nach § 10d EStG abgezogen. Anschließend mindern die abziehbaren Spenden den verbleibenden Restbetrag bis auf höchstens 0 Euro. Darüber hinausgehende Beträge können Sie in das nächste Jahr vortragen. Den Betrag bescheinigt das Finanzamt in einem Feststellungsbescheid.

Für Spenden über Online-Zahlungsservices gilt: Statt Name und Kontonummer genügt auch ein Identifizierungsmerkmal des Auftraggebers und des Empfängers. Betrag, Buchungstag sowie die tatsächliche Durchführung der Zahlung müssen aber ebenfalls aus der Buchungsbestätigung ersichtlich sein. So erkennt das Finanzamt den vereinfachten Spendennachweis nun auch für Zahlungen über das Online-Bezahlsystem PayPal an. Als Buchungsbestätigung genügen ein Kontoauszug des PayPal-Kontos und ein Ausdruck über die Transaktionsdetails der Spende. Auf dem Kontoauszug müssen der Kontoinhaber und dessen E-Mail-Adresse ersichtlich sein.

Bei Kleinspenden bis 300 Euro ist Bedingung für die Vereinfachungsregelung, dass neben dem Bareinzahlungsbeleg bzw. der Buchungsbestätigung zusätzlich auf einem Beleg der Empfängerorganisation
- Angaben über den steuerbegünstigten Zweck und die Steuerfreistellung der Organisation gemacht werden und
- angegeben ist, ob es sich bei der Zuwendung um eine Spende oder einen Mitgliedsbeitrag handelt.

## Vererben für einen guten Zweck:
- Der 5. September ist »Internationaler Tag der Wohltätigkeit«. Wir nehmen dies zum Anlass, weiter zu denken als an Spenden zu Lebzeiten – denn viele Menschen machen sich Gedanken, wie sie auch über ihren Tod hinaus noch Gutes tun können.
- Wie können gemeinnützige Organisationen, Vereine oder auch die Kirche testamentarisch bedacht werden?
- Vielleicht wissen Sie schon genau, welcher Organisation Sie mit Ihrem Erbe etwas Gutes tun möchten – eventuell sind Sie aber noch auf der Suche nach einem Empfänger, dem Sie Ihr Geld nach Ihrem Tod anvertrauen möchten. Damit das Erbe in gute Hände kommt, sollten Sie sich die infrage kommenden Organisationen gut anschauen. Insbesondere die gewissenhafte Verwendung der Zuwendung wird in Ihrem Interesse sein.
- Gemeinnützige Organisationen sind von der Erbschaftssteuer befreit. Deshalb kommt das Vermögen, das Sie ihnen vererben, in voller Höhe der Arbeit der Organisation zugute.

# Steuertipps für Sponsoren[2]

## Welche Bedeutung hat Sponsoring für das Marketing?
Sponsoring ist als Teil der Öffentlichkeitsarbeit ein wichtiger Bestandteil eines sinnvollen Marketing-Mixes. Durch das Auftreten als Sponsor steht vor allem das Unternehmen bzw. die Marke im werblichen Vordergrund. Spezifische Werbung für einzelne Produkte oder Sparten des Unternehmens sind meist nur anlassbezogen auf Veranstaltungen des Sponsoringnehmers möglich. Bevor Sie ein Sponsoring-Projekt in Erwägung ziehen, sollten Sie sich das Sponsoringkonzept eines potentiellen Partners anschauen und auf Ihre kommunikationspolitischen Werte und Ziele hin abgleichen. Dazu zählen:
- Zielgruppe
- Markenimage
- Mediale Reichweite
- Langfristige Markenausrichtung
- Anforderungen an Ihr Marketing-Budget
- Möglichkeiten der Werbung, Vermarktung des Sponsorings

## Sponsoring und Steuern
Gutes tun und dabei Steuern sparen: Die Förderung von Sport, Wissenschaft, Kultur oder Umwelt kann nicht nur positive Auswirkungen auf das Image eines Unternehmens oder einer Marke haben, sondern auch steuerliche Vorteile mit sich bringen. Im Rahmen eines Sponsoringvertrages gelten Sponsoringausgaben als betriebliche Werbemaßnahmen und können somit voll als Betriebsausgaben von der Steuer abgesetzt werden. Wichtige Voraussetzung dafür ist, dass hinter dem Sponsoring eine wirtschaftliche Absicht steht, die im Gegenzug für die Förderung eine Leistung erbringt. Diese Leistung können unterschiedliche Werbemaßnahmen sein, wie zum Beispiel:
- Trikotwerbung
- Anzeigen
- Banner- oder Bandenwerbung
- Merchandising

## Sponsoring und Umsatzsteuer
Die umsatzsteuerliche Behandlung von Sponsoring-Leistungen ist abhängig davon, ob eine konkrete Gegenleistung für das Engagement vereinbart wird. Wenn im Sponsoringvertrag eine definierte Werbemaßnahem, zum Beispiel Bannerwerbung, festgehalten ist, so tritt der Verein als Werbedienstleister auf und es fallen 19% Umsatzsteuer für die Leistung an. Wird ein Sponsor hingegen lediglich mit Namen oder Logo auf einem Veranstaltungsplakat erwähnt, liegt kein Leistungsaustausch vor und es fällt keine Umsatzsteuer an.

## Augen auf bei der Sponsoren-Wahl
Neben den vielen Vorteilen von Sponsoring für unternehmenspolitische Ziele, können bei unvorsichtiger Sponsoringauswahl auch Nachteile entstehen. So führte 2016 das Wissenschafts-Sponsoring für ein Forschungsprojektes an der Berliner Charité zur Herzgesundheit von Frauen durch das Unternehmen Coca-Cola zu negativer Presseberichterstattung. Mit dem Vorwurf der „gekauften Wissenschaft" mussten sich sowohl Sponsor als auch Sponsoringnehmer für ihr Vorge-

---

2    Auszug mit freundlicher Genehmigung von Lexware

hen rechtfertigen. Dies hat am Ende sowohl Auswirkungen auf das Image als auch auf die Glaubwürdigkeit des Unternehmens. Entsprechend sollte man bei der Auswahl des Sponsoringpartners Vorsicht walten lassen und genau die Unternehmensphilosophie, Leitgedanken und Grundsätze miteinander vergleichen.

## Steuertipps für Stifter[3]

Nicht nur bei der Neugründung der Stiftung, sondern alle zehn Jahre kann der Höchstbetrag von einer Million Euro bei Zuwendungen in das Vermögen einer Stiftung steuerlich geltend gemacht werden. Ehegatten haben die Möglichkeit, in Summe zwei Millionen Euro abzuziehen. Der Betrag lässt sich beliebig über den Zeitraum von zehn Jahren verteilt vom steuerpflichtigen Einkommen absetzen.

Beispiel:

2016 wird eine Million ins Stiftungsvermögen überführt. Steuerlich geltend gemacht werden jährlich jeweils 100.000 Euro von 2016 bis 2025. Ab 2026 kann wieder eine Million in die Stiftung fließen und bis 2035 das zu versteuernde Einkommen reduzieren.

Zusätzlich gibt es die Möglichkeit des allgemeinen Spendenabzugs in Höhe von 20 Prozent des zu versteuernden Einkommens – dies ist beispielsweise dann relevant, wenn zusätzliche Mittel für konkrete Projekte an die Stiftung fließen sollen. Spenden sind häufig neben den Erträgen des Stiftungsvermögens ein wichtiges finanzielles Standbein insbesondere für kleinere Stiftungen.

Stiftungen sind kein Steuersparmodell. Wer Vermögen in eine gemeinnützige Stiftung einbringt, dem steht dieses Geld nicht mehr zur eigenen Disposition. Dies schließt selbstverständlich für den Stifter, die Stifterin nicht aus, die Stiftung auf der Grundlage der rechtlichen Möglichkeiten steueroptimiert zu dotieren. Die Ersparnisse bei der Erbschafts- und Schenkungssteuer sowie der Einkommen-, Körperschaft- und Gewerbesteuer können dazu führen, dass der weitaus überwiegende Teil der Stiftungsdotation aus Steuerersparnissen finanziert werden kann.

Wird ererbtes Vermögen binnen 24 Monaten in eine gemeinnützige oder mildtätige Stiftung eingebracht, kann man sich von der Erbschaftssteuer befreien lassen. Bei einem hohen persönlichen Einkommensteuersatz des Erben kann es jedoch unter Umständen günstiger sein, die Erbschaftssteuer in Kauf zu nehmen und über den Sonderausgabenabzug die eigene Einkommensteuer zu reduzieren.

Aus langjähriger Erfahrung ist das Deutsche Stiftungszentrum mit der komplexen Materie des Steuerrechts vertraut. Unser Ziel ist, dass das Vermögen möglichst effizient für den Aufbau der Stiftung zur Verfügung steht. Stifterverband und Deutsches Stiftungszentrum haben sich im Zuge der jüngsten Reform des Spendenrechts erfolgreich für deutliche Verbesserungen zugunsten der Stifter eingesetzt.

---

3    Abdruck mit freundlicher Genehmigung des Deutschen Stiftungszentrums

## Webseiten:

<table>
<tr>
<td></td>
<td>

**Steuertipps.de  (Wolters Kluwer)**
```
https://www.steuertipps.de/suche?category=&que-
     ry=Spenden
```
</td>
</tr>
<tr>
<td></td>
<td>

```
https://www.steuertipps.de/steuererklaerung-finanz-
     amt/steuererklaerung/steuererklaerung-spenden-
     von-der-steuer-absetzen
```
</td>
</tr>
<tr>
<td></td>
<td>

```
https://www.mein-erbe-tut-gutes.de/was-ist-das-
     prinzip-apfelbaum/
```
</td>
</tr>
<tr>
<td></td>
<td>

**Lexware**
```
https://www.lexware.de/wissen/unternehmerlexikon/
     sponsoring/
```
</td>
</tr>
<tr>
<td></td>
<td>

**Deutsches Stiftungszentrum**
```
https://www.deutsches-stiftungszentrum.de/stif-
     tungswissen/steuervorteile
```
</td>
</tr>
</table>

# Sachregister

## A



## B



## D



## E



## F



## G



## H



## I



## J



## K

# Bücher von Rainer Nahrendorf

**Die Vita des Autors und alle seine anderen Bücher finden Sie unter seinem Namen bei Amazon**
`https://www.amazon.de/Rainer-Nahrendorf/e/B00455GF2I`

# Der Kormorankrieg

*Kein Vogel erregt Angler, Teichwirte und Berufsfischer auf der einen Seite und Natur- und Artenschützer auf der anderen so sehr wie der Kormoran. Für die einen ist er ein Hasstier, für die anderen ein Sündenbock und Symbolvogel für den Artenschutz. Der Autor begibt sich zwischen die Fronten von Naturschützern und Berufs- und Hobbyfischern.*
*ISBN-10 : 3748244401*
*ISBN-13 : 978-3748244400*

# Geier Georg auf der Flucht

*Die abenteuerliche Fluchtgeschichte des Geiers Georg von der Kasselburg.*
*Erschienen bei: epubli*
*ISBN: 978-3-7450-6307-3 (E-Book)*
*ISBN: 978-3-7450-6667-8 (Farbiges Softcover)*
*ISBN: 978-3-7450-6668-5 (Schwarzweißes Softcover)*

# Gauner der Lüfte

*Die Piraten der Lüfte tragen zwar keine Augenklappe und segeln nicht unter einer Totenkopfflagge, aber wenn sie erspäht werden, heißt es auch unter Vögeln: Rette sich wer kann! Unter ihnen ist das Stehlen von Nahrung oder Baumaterial für ihre Nester und das Brutschmarotzen verbreitet. Dieses Buch zeigt, wie trickreich einige Vögel ihr eigenes Überleben und das Überleben ihrer Nachkommen sichern.*
*ISBN-10 : 3746931614*
*ISBN-13 : 978-3746931616*

# Der Raufbold:

# Wie das Eifeldorf Wiesental berühmt wurde

*Das abgelegene Eifeldorf Wiesental in der deutsch-belgischen Grenzregion ist schwer zu finden. Dort hat der aggressive Hahn Frederick Bewohner und Besucher in Angst und Schrecken versetzt.*

*Erschienen bei: tredition*

*ISBN: 978-3-347-09791-9 (Paperback)*

*ISBN: 978-3-347-09792-6 (Hardcover)*

*ISBN: 978-3-347-09793-3 (E-Book)*

## Sexfallen und Killerpflanzen

*Dieses multimediale Buch mit seinen per QR-Code integrierten Videos will den Artenschutz stärken und zeigt dies am Beispiel der gefährdeten heimischen Orchideen und des streng geschützten Sonnentaus. Schon Charles Darwin hielt diese Pflanzen für Naturwunder. Mit faszinierenden Tricks sichern sie ihre Fortpflanzung und ihr Überleben. Orchideen gelten als die Königinnen der Pflanzen, aber die bildschönen Königinnen sind zugleich Trickbetrügerinnen.*
*ISBN: 978-3-347-77266-3 24,95 € (epubli)*

## Eifel. Das bedrohte Orchideenparadies

*Dieses auf 160 Seiten, davon 50 Farbseiten, erweiterte multimediale Buch ist die Geschenkversion. Es zeigt durch zusätzliche Makroaufnahmen den Blütenzauber heimischer Orchideen. Die Flutkatastrophe des Jahres 2021 hat an den meisten Orchideenparadiesen keinen Schaden angerichtet. Der Autor will Leser für die Naturschönheiten begeistern und für die Schutzbedürftigkeit der Orchideen sensibilisieren.*
*ISBN: 978-3-7549-7529-9 25,99 € (epubli)*